▲ 鲈鱼

▲ 美国红鱼

▲ 大黄鱼

▲ 黑鲷

▲鮸鱼

▲中华乌塘鳢

▲黄姑鱼

▲大弹涂鱼

▲鲻鱼

◀条石鲷

褐菖鲉▶

◀赤点石斑鱼

斜带髭鲷▶

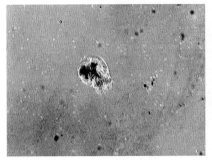

▲轮虫   ▲丰年虫无节幼体

▲高密度聚乙烯(HDPE)圆形全浮式网箱

▲浮绳式网箱   ▲海水鱼人工催产

渔业标准化养殖技术丛书

海水鱼类养殖技术

◎浙江省水产技术推广总站　组编

AISHUI YULEI

YANGZHI JISHU

浙江科学技术出版社

图书在版编目(CIP)数据

海水鱼类养殖技术/浙江省水产技术推广总站组编.—杭州:浙江科学技术出版社,2014.8
(渔业标准化养殖技术丛书)
ISBN 978-7-5341-5898-8

Ⅰ.①海… Ⅱ.①浙… Ⅲ.①海水养殖—鱼类养殖
Ⅳ.①S965.3

中国版本图书馆 CIP 数据核字(2013)第 308994 号

丛 书 名	渔业标准化养殖技术丛书	
书 名	海水鱼类养殖技术	
组 编	浙江省水产技术推广总站	
主 编	单乐州	

出版发行 浙江科学技术出版社
   杭州市体育场路 347 号 邮政编码:310006
   办公室电话:0571 - 85176593
   销售部电话:0571 - 85176040
   网 址:www.zkpress.com
   E-mail:zkpress@zkpress.com

排 版	杭州大漠照排印刷有限公司
印 刷	杭州富阳正大彩印有限公司
经 销	全国各地新华书店

开 本	880×1230 1/32	印 张	4
字 数	104 000	插 页	2
版 次	2014 年 8 月第 1 版		2014 年 8 月第 1 次印刷
书 号	ISBN 978-7-5341-5898-8	定 价	10.00 元

责任编辑	詹 喜 李亚学	责任校对	张 宁
封面设计	金 晖	责任印务	徐忠雷

序

　　浙江是我国渔业大省，不仅海洋捕捞量占全国首位，还素有"鱼米之乡"的美称，是我国水产养殖的主要产区。近年来，随着全省百万亩标准鱼塘改造建设、现代渔业园区建设等工程的全面推进实施，全省水产养殖产业的基础设备大为改善，品种结构不断优化，综合生产能力和产品市场竞争力不断提升，水产养殖得到了迅猛发展。至 2012 年，全省水产养殖规模达到 454 万亩、产量达 184.5 万吨、产值达 349.2 亿元，并形成了中华鳖、南美白对虾、海水蟹类、滩涂贝类、淡水珍珠等五大类 8 个品种的特色主导产业。浙江的水产养殖产业，已逐步向符合资源禀赋特点、精品特色明显的产业化方向迈进，成为浙江省农业增效、农民致富的重要产业。

　　党的十八大明确提出，要加快发展农业现代化，促进工业化、信息化、城镇化、农业现代化"四化"同步发展。浙江省委省政府提出"干好一三五、实现四翻番"总体要求，通过推进农业规模化、标准化、生态化，构建现代农业产业体系，打造高效生态农业强省、特色精品农业大省，到 2020 年率先基本实现农业现代化。而农业标准化是现代农业的重要标志，没有农业标准化就没有农业现代化。因此，我们要围绕渔业现代化建设目标，紧紧依靠科技进步，大力推进渔业标准化生产管理和先进实用技术的推广应用，发展高产、优质、高效、生态、安全渔业，以促进渔业发展方式转变，提升渔业产业发展层次，确保渔民持续增收和产业持续健康发展。

　　浙江省水产技术推广总站组织编写的这一套《渔业标准化养殖技术丛书》，内容涵盖了中华鳖、南美白对虾、海水蟹类、淡水虾蟹类、鱼类、贝藻类、稻田综合种养等浙江省重点培育的水产养殖主导产业和特色产业，并将近几年全省联合推广行动中形成的养殖新品种、新模式、新技术、新机具、新型管理方式等方面的最新成果和丰富经验，寓于养殖生产各个环节，突出技术的先进实用和集成配套，努力使生产管理规程化、技术应用模式化。该丛书图文并茂，内容通俗易懂，能够看得懂、学得会、用得上，可以作为广大养殖生产者、基层技术人员的培训教材和参考用书。相信这套丛书的出版，对促进浙江省渔业标准化生产、现代渔业园区建设和水产养殖产业转型发展起到积极的推动作用。

　　　　　　　　　　浙江省海洋与渔业局局长

　　　　　　　　　　　　　　　　　　　2013 年 5 月

前　言

我国是世界上最早养殖海水鱼类的国家之一,虽然我国海水鱼类养殖历史悠久,但在以往的数百年中其发展相当缓慢,大多停留在粗养阶段,单位产量低下。20 世纪 90 年代兴起的第四次海水养殖浪潮开辟了海水鱼类养殖产业。

海水鱼类经济价值高,市场需求大,已成为沿海地区主要养殖品种。浙江省是海水鱼类养殖的重要区域,主要养殖品种有鲈鱼、美国红鱼、大黄鱼、黑鲷、鮸鱼、赤点石斑鱼等,主要养殖方式为网箱养殖。2012 年浙江省海水鱼类普通网箱养殖面积为 133 万米^2,深水网箱养殖体积为 65 万米^3,总产量为 3.3 万吨。随着人们生活水平的不断提高和对海洋捕捞强度的严格控制,人们对海水养殖鱼类的需求量将持续增长,海水鱼类养殖规模将进一步扩大,养殖水平将进一步提升。

为帮助渔民掌握海水鱼类养殖基本技能、提高海水养殖技术水平、保障初级水产品质量安全、促进渔业可持续发展,浙江省水产技术推广总站组织有关专家编写了本书。在编写时,编者查阅了近年来公开发表的相关文献,以生产实践内容为主,结合理论知识,力求通俗易懂,使本书适合海水鱼类养殖人员阅读。

由于编者水平有限,书中难免存在不妥之处,敬请广大读者批评指正,以便今后补充和修正。

编　者

2014 年 6 月

目 录

一、
浙江省海水鱼类养殖概述

我国海域辽阔,海岸线总长度为 3.2 万千米,从南到北跨越热带、亚热带和温带 3 个气候区,适宜发展海水养殖业。我国是世界上最早养殖海水鱼类的国家之一,如从明朝《鱼经》算起,已有 400 多年的历史,但数百年来我国海水鱼类养殖业发展相当缓慢,养殖产量远远低于淡水鱼类,养殖技术也落后于淡水鱼类。自 20 世纪 80 年代以来,随着改革开放的深入发展、国民经济的起飞、人们生活水平的提高、海洋鱼类资源的衰退及国内外市场需求的拉动,海水鱼类养殖获得发展良机,各级海洋水产科研和推广单位将多品种海水鱼类的育苗与养殖、研究、中试与推广工作并举,取得了重大进展,使得长期滞后于藻、贝、虾类的局面逐步消失,海水鱼类养殖成为继藻类、贝类和对虾养殖之后崛起的又一项海洋水产支柱产业。目前,北方鲆鲽类工厂化养殖已产业化,而在浙江省、福建省、广东省等南方沿海地区,海水网箱养鱼已形成大产业。

浙江省海水鱼类养殖出现于 20 世纪 80 年代初,由于当时活的赤点石斑鱼可销售到我国的香港、澳门地区,所以很多渔民以海钓石斑鱼等为业,于是沿海各县的外贸公司建造了许多木板式浮动海水网箱,用于收购、保存渔民海钓的活石斑鱼,再销售到香港、澳门地区。由此逐渐出现了赤点石斑鱼海水网箱养殖产业,养殖户也试验捕捞鲈鱼、黑鲷、真鲷等野生海水鱼苗进行网箱养殖。由于经济效益显著,海水网箱养殖业便快速地发展起来,当时玉环县的漩门港、洞头县的三盘港等成为浙江省最早的海水网箱养殖聚集地。海水鱼类网箱养殖的发展带动了人工繁育技术的发展,在福建省和浙江省出现了许多海水鱼类育苗场,突破了大黄鱼、鲈鱼、鲵鱼、黄姑鱼等很多海水经济鱼类品种的规模化人工繁育技术的瓶颈,海水鱼类人工繁育的成功又促进了海水鱼类网箱养殖的快速发展。到 21 世纪初,浙江省浅海内湾型海水网箱数量达到 10 万多口,为历史最高。但由于所用的网箱绝大多数为木质简易结构,抗风浪能力差,因此只能选择避风条件好的浅海内湾水域作为养殖区域。随着海水网箱养鱼规模的快速发展,其所带来的自身污染逐步恶化了近海环境,表现为海水富营养化、赤潮频繁发生、养殖鱼类病害增多。在上述情况下,自 21 世纪初以来,浅海内湾型海水网箱数量有所减少,大型深水网箱养殖开始出现。

强化海洋渔业水域生态环境监测、加强海洋水生生物资源养护、改善水域生态环境等是促进海洋渔业持续健康发展的重要因素。浅海内湾型海水网箱或大型的深水网箱均为开放式养殖,其养殖投饵和鱼的排泄物对海水的污染是不可避免的,而海水的自净能力是有限的,即海水养殖容量有限,海水网箱的养殖总体规模不能无序扩大,关键要提高养殖技术和效率。集约化海水鱼类陆基工厂化养殖,尤其是全封闭式的陆基内循环工厂化养鱼,是现代设施渔业的具体体现之一,是当今最先进的养鱼方式,被认为是解决养殖业与环境问题的出路之一。封闭式内循环工厂化养殖,将成为渔业可持续发展的趋势和主流。

现在浙江省海水网箱养殖的鱼类品种主要有鲈鱼、美国红鱼、大黄鱼、黑鲷、鮸鱼、赤点石斑鱼等,海水池塘养殖的品种主要有大弹涂鱼、鲈鱼、黑鲷等,陆基工厂化养殖的品种主要有半滑舌鳎等鲆鲽鱼类和石斑鱼类。浙江省海水鱼类的人工养殖主要方式为海水网箱养殖,海水鱼类的池塘养殖和陆基工厂化养殖方式还较少。

二、
海水鱼类主要养殖模式

海水鱼类主要养殖模式有网箱养殖、池塘养殖、陆基工厂化养殖。

（一）网箱养殖

1. 网箱养殖概述

海洋中的鱼和贝类能够为人们提供味道鲜美、营养丰富的蛋白质食物。蛋白质是构成生物体最重要的物质，它是生命的基础。现在人类消耗的蛋白质中，由海洋提供的不到 5%～10%。早些年由于沿海各地过分强调发展海洋捕捞业，盲目增添渔船、渔网，无节制的捕捞导致海洋渔业资源严重衰退。目前，我国海洋捕捞强度已远远超过渔业资源再生能力，严重威胁我国海洋渔业的可持续发展。一些传统捕捞鱼类已不能形成鱼汛，一些名贵优质鱼类已经很难捕捞到。因此，保护鱼类繁衍、增殖，合理利用渔业资源非常重要。这要求我们一方面要掌握海洋渔业资源现状，科学预测持续可捕量，正确地、有计划地组织渔业生产；另一方面要从单纯地向海洋索取（捕捞）向"耕海牧鱼"转变，将海洋变成大粮仓。海洋粮仓的潜力是很大的，目前产量最高的陆地农作物每公顷的年产量折合成蛋白质只有 0.71 吨，而科学试验表明同样面积的海水饲养的海水鱼年产量最高可达 27.8 吨，具有商业竞争能力的产量也有 16.7 吨。

网箱养殖在海水鱼类养殖中占主要地位，是"牧鱼"的有效方法，是在自然海区中实行高密度养殖的一种生产方式。它通过网箱内外水体的自由交换，使网箱中的水体环境接近自然海区的活水环境——水质清新、溶解氧丰富，以利于进行高密度养殖，是一种经济有效的鱼类养殖模式。由于它具有集约化程度高、操作管理方便和经济效益显著等特点,自 20 世纪 90 年代开始,网箱养殖得到了快速发展,成为海水鱼类养殖的主要方式。各地政府部门出台大量政策扶持网箱养殖业发展,但由于各地对网箱养殖没有进行合理的规划与引导,网箱无序养殖的后果开始显现:养殖区域水质恶化,病害大量暴发,养殖品种单一,市场价格逐年下滑,使网箱养殖效益变差,部分养殖户无利可图,网箱养殖规模有萎缩的趋势。为了扭转这一局面,需要对网箱养殖进行科学的引导。各地要对近海养殖区域作出合理规划,建立多区域轮养机制,使养殖规模与水体自净能力相适应。加强科研攻关,用新技术促进产业发展。建立长效的政策保障机制,探索政府、企业、渔民多种形式相结合的渔业发展新模式,从而真正实现"耕海牧鱼",把海洋变成人类的大粮仓。

浙江省拥有漫长的海岸线和丰富的浅海、深海养殖资源,拥有海域面积约 26 万平方千米,相当于陆域面积的 2.56 倍;大陆海岸线和海岛岸线长达 6500 千米,占全国海岸线总长的 20.3%;面积大于 500 米^{2}的海岛有 3061 个,占全国岛屿总数的 40%。在浙江海洋经济强省建设和渔业发展"十二五"规划中,将以促进传统养殖业升级为目标,推广先进养殖技术与设施。2012 年浙江省渔业总产量为 541.9 万吨,比上年增长 2.1%;渔业总产值为 630 亿元,比上年增长 7.2%。2008~2012 年,普通网箱养殖产量与面积基本持平(图 2-1、图 2-2),深水网箱养殖产量与体积都有所下降(图 2-1、图 2-3)。

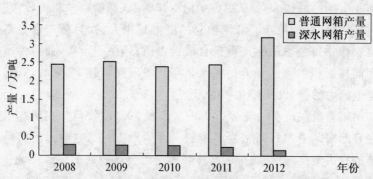

图 2-1 2008~2012 年浙江省海水普通网箱与深水网箱养殖产量对比

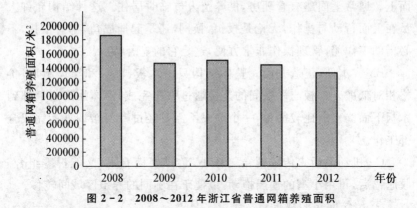

图 2-2　2008～2012 年浙江省普通网箱养殖面积

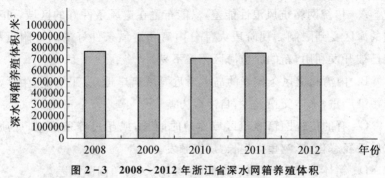

图 2-3　2008～2012 年浙江省深水网箱养殖体积

2. 网箱养殖类型

海水网箱分为传统网箱和深水网箱,这两种网箱养殖模式在网箱设置、养殖管理等方面都有比较大的差异。

(1)传统网箱。传统网箱又称浅海内湾型网箱,它设置在浅海内湾,由浮体、框架和网衣组成小型网箱。常见的由厚 6～8 厘米、宽 30 厘米的松木板经螺栓固定成"口"字形,再将浮体捆绑于木板下面形成漂浮在水面的网箱框架,然后将方形网衣挂在框架上组成养殖用的网箱,通常这样的几十口网箱组成一个养殖鱼排。

① 传统网箱的优点。

A. 管理方便。传统木板式网箱又称浮动式网箱,是传统海水网箱养殖的主要类型。它由浮体承载着木板组成格子形鱼排,浮动在海

5

面上。通常上面建有管理房,供养殖人员临时居住。这种结构允许人员在上面行动与操作,无论是投饵、换网,还是起捕成鱼,都有依托,不必借助工作船,管理操作非常方便,这是它的显著特点。

B. 成本低,建造方便。整体结构只由木板、网衣和浮体组成,价格相对低廉。木板与木板间的连接通过螺栓完成,浮体用绳索捆绑到木板下面。建造比较简单,一个渔民不需要经过专门培训就能完成全部工作。

C. 机动灵活。传统网箱箱体小,鱼排规模有限,又能拆零组合。收起锚后,可用小型的渔船拖动,以便于在不同的养殖区域间转移。

② 传统网箱的缺点。

A. 传统网箱抗风浪性能差,只能布置在避风条件好的区域,可利用的海区受到限制。现阶段大部分内湾和避风条件好的岛礁附近海域已被开发利用,新的养殖海区拓展不易。

B. 内湾和避风条件好的岛礁附近海域离岸近,受工农业、生活污水污染严重,水体交换量少,自净能力差。

C. 有的传统网箱养殖区域养殖时间长,或超过养殖容量,底质、水质已经恶化,影响鱼类生长,病害频发。

D. 箱体容积小,养殖密度低,鱼类生长慢,鱼肉品质差。

因此,只有扬长避短,才能使传统网箱养殖有进一步发展。如今,已发展出 PE 材料框架方形网箱(图 2-4),利用 PE 材料抗风浪性能好的特点,牺牲部分操作便利性,拓展了网箱的使用区域。为了避免

图 2-4　PE 三角框架方形网箱

传统网箱在同一地点长期养殖带来的诸多问题,可以降低养殖量;或是在风浪小的季节(如每年的11月至翌年4月)将鱼排拖到开阔的海域养殖,其余时间在避风条件好的区域养殖;或是每两年轮换一次场地进行养殖,这需要政府进行规划,或组建养殖者联盟实现行业自律。更重要的是要规范传统网箱的养殖技术,使其可持续发展。

(2)深水网箱。深水网箱又称离岸型网箱,是设置在水深超过15米的开放性海区的大型网箱。养殖区域水流畅通、受污染少、养殖空间大,鱼类生长快、病害少,鱼肉品质接近野生,是网箱养殖的发展方向。这类网箱要求抗风浪性能好,对技术要求高,通常成本也较高。目前在国内应用的深水网箱主要有以下几种类型:

① 高密度聚乙烯(HDPE)圆形全浮式网箱(见彩色插页)。它是由2~3道直径250毫米的PE管并排组成的圆形框架,框架浮于水面,人也可在上面行走。另用直径125毫米的PE管组成一圈高出水面的扶手(栏杆),用PE连接件将整个框架组装、固定。圆形网箱悬挂在框架上,网底设置网袋张紧装置以保持箱体的形状。网箱周长从40米发展到现今最大的180米。该网箱所用的PE材料耐海水腐蚀,又具有很好的柔韧性,抗风浪性能好,网箱安装相对比较容易,养殖维护方便,适应范围广,是我国深水网箱养殖的主要类型。目前这种结构的网箱已实现了国产化,但这种网箱存在抗流能力差、换网操作不易、锚绳连接处易损坏等缺点。

② 浮绳式网箱(见彩色插页)。其直观的样子就是网衣露出水面的部分包裹着多个浮子,形成柔性的网箱箱体。它实际上是由主绳与副绳组成,绳上每隔50~100厘米绑缚一个浮子形成浮绳。主浮绳平行设置,每条绳两端用铁锚拉紧;若干副浮绳也由铁锚拉紧,连接在主浮绳之间,将主浮绳间的水域分隔成多个方形区域,网衣布置于其中,从而组成养殖网箱。主、副浮绳采用尼龙绳或聚丙烯绳,其直径和浮绳设置间距依网箱单元的规格而定。其整体是柔性的结构,可随波而动,具有很好的抗风浪性能。设置的海区既可是内湾,也可是离岸开放性海域。作为深水网箱,其成本较低,在浙江省、福建省、广东省沿海应用较多。

③ 碟形升降式网箱(图2-5)。它是起源于美国的一种钢结构框架网箱,又称中央圆柱网箱或海洋站网箱。网箱由一根直径1米、长16米的钢管作中轴,同时该中轴也是升降装置。12根钢管组成周长80米的十二边形中央浮环,浮环上下各有12条超高分子量的聚乙烯纤维辐绳,辐绳与中轴两端相连,拉紧后形成一个碟形网箱框架,安装与辐绳相同材料的网衣,构成一个容积3000米³的网箱。网箱上部设有工作平台,下挂15吨重的沉石,通过中轴管充水、排水实现网箱的快速升降。该网箱抗流能力强,但造价高,目前我国有少量应用。

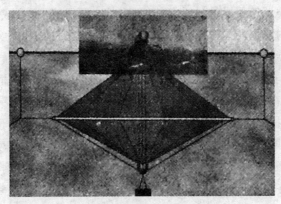

图2-5　碟形升降式网箱

④ HDPE圆形升降式网箱(图2-6)。其总体结构与HDPE圆形全浮式网箱相同,可充气、排气的浮管与相对应的配重构成网箱的升

图2-6　HDPE圆形升降式网箱

降系统。该网箱平时用于海面养殖,当有大风浪到来时,可沉到水下一定深度以躲避风浪。

此外,还有 TLC 网箱(图 2-7)、Farmocean 网箱(图 2-8)、船形组合网箱(图 2-9)、锚拉式海洋圆柱网箱(图 2-10)等类型,均为国外开发的比较先进的网箱,部分实现了完全自动化控制,但造价昂贵。国内的科研机构和水产设备制造公司也正对深水网箱进行卓有成效的研究,已经实现 HDPE 网箱的国产化。此外,碟形网箱在国内也有一些技术创新。

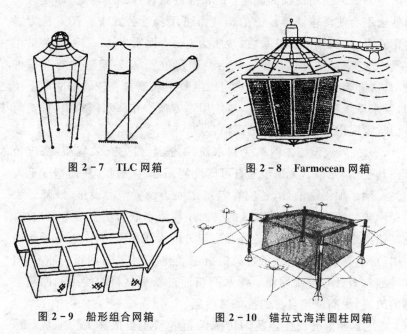

图 2-7　TLC 网箱　　　　　图 2-8　Farmocean 网箱

图 2-9　船形组合网箱　　　图 2-10　锚拉式海洋圆柱网箱

(3) 大型木板式深水网箱。大型木板式深水网箱是近年来乐清湾养殖户对传统网箱和浮绳式深水网箱的改进型,它将传统网箱扩大了,换言之,即将浮绳式深水网箱加装木板式框架。网箱规格通常为12 米×8 米×7 米,建造方法与传统网箱基本一致。它是传统网箱与浮绳式深水网箱的综合体,既有传统网箱管理方便的特点,也具有深水网箱大水体养鱼的优点。但由于框架材料是木板,与浮绳式网箱相比,该网箱抗风浪性能降低,抗流性能有所提升,比较适合设置在内湾水流较大的水域。如果用 PE 材料制成框架,将有助于提升网箱的性能。大型木板式深水网箱的养殖管理可参照传统网箱。

3. 配套设施

网箱养殖除了确定网箱类型外,还需要相应的配套设施以保证生产活动正常进行。

(1) 锚泊系统。锚泊系统是将网箱固定在特定养殖海区、保持网箱容积的设施,是网箱养殖的必备系统,目前有铁锚、打桩和混凝土块等固定方式。使用铁锚的优点:锚和锚链始终抓卧于海底,即使有锚位移也不会使网箱漂浮。锚的爬驻力可用经验公式 $P = KG$(P 为锚的爬驻力;K 为锚的爬驻系数,沙质为 $5 \sim 6$,泥质为 $10 \sim 12$;G 为锚在空气中的重量)估算。打桩比较容易固定位置,但一旦其中有一根桩松动,将影响整个锚泊系统的稳定。混凝土块通常在较硬的底质上使用,要求重量和体积都比较大,故使用不方便。在深水网箱中,桩锚两类型常常混用,以保证更好的固泊。

(2) 抗风浪设施。网箱受到水流冲击,会损失有效容积,挤压鱼群使其受伤、死亡。大风浪还有可能使网箱漂移、破损,从而造成重大损失。除了加固锚泊外,还应在养殖区周边设置消浪设施,以降低大浪对网箱的冲击力。如养殖区的前面用缆绳串联若干方形塑料泡沫,用桩锚固定,组成挡浪排;或是在迎流方向设置细密网片,形成导流网或阻流网,这些都是有效的抗风浪措施,能减轻水流对网箱的冲击,但这些通常只针对传统网箱。深水网箱通过新型材料的使用和网箱类型的改进,提高网箱自身的抗风浪性能。

(3) 养殖配套设施。我国传统网箱养殖主要依靠人力完成。深水网箱养殖是一种高度集约化的养殖模式,对自动化程度有较高的要求,而且其大型化的趋势注定了很多工作只靠人力是难以完成的,所以从深水网箱诞生之日起,相应的配套设施就在不断研发与完善中。其主要有以下几个方面:

① 供饵系统。在传统网箱养殖过程中,由于现阶段主要使用鲜杂鱼作为饵料主体,再加上人工成本较低,投饵主要靠人力完成。随着深水网箱养殖的发展、养殖规模的扩大,养殖集约化程度越来越高,

对投饵方式和投饵技术也有更高的要求。目前,国外已研发了多种自动投饵方式,主要有气动式、螺旋输送式、离心抛物式、电子控制的投饵船及鱼动式等自动投饵机类型。国内也有相应的研发,据报道,宋协法等于 2006 年研制了一种水动力式网箱投饵机,张宗涛设计了一种主要用于投喂湿性颗粒饲料的投饵机。

② 水下监控系统。传统网箱操作简便,易于观察,基本不用监控系统。深水网箱由于养殖水体大,大部分或整个网箱处于水面之下,不利于观察鱼群状况和网衣破损情况,因此需要水下监控系统来对网箱进行日常检查。目前主要有光学和声学两种监控系统。光学系统通过水下摄像头采集图像在显示器上进行观察,图像直观,技术成熟,造价低,但要求水体透明度较高。声学系统就是利用声呐进行水下观测,它不受水体透明度影响,但图像效果较差,成本较高。这两种监控系统还不能完全代替人工劳动,经常需要潜水员对养殖网箱整体状况做全面检查。

③ 分级装置。鱼类在养殖过程中,会出现个体大小差异的情况。为了避免鱼自相残杀、保证所有鱼快速生长,需要每隔一定的时间对鱼进行分级筛选,将个体大小相近的鱼放到一起养殖。在起捕出售时,也需对鱼进行分级,以便按不同的规格设定不同的价格。为提高经济效益,过小规格的鱼应放回网箱养殖。现有的分级装置基本的设计原理是通过设置特定间距的栅格,使体宽小于栅格间距的鱼逃逸出去,从而达到分离鱼的目的。为了保证分级的准确性,栅格都为硬质材料,如 PVC、铝、不锈钢等。分级方法有 3 种。方法一:通常将栅格装在一个拖网上,将拖网放入网箱中包裹所有的鱼,小规格鱼通过栅格逃出拖网外,大规格鱼留在拖网内被起捕出售或转移到其他网箱养殖。方法二:将一个空网与有鱼的网箱对接,对接处布置栅格,收起有鱼的网箱,使小规格鱼通过栅格进入空网箱,大规格鱼留在原网箱中。方法三:将所有鱼起捕后,将鱼通过导鱼管道进行分离,导鱼管道向下倾斜放置,从上到下依次布置间距逐渐增大的栅格,在鱼从导鱼管上端向下滑的过程中,不同大小的鱼通过相应的栅格掉落到导鱼管下方对应的容器中,一次性将鱼按不同规格分离。这种分组装置的

栅格间距一般设为 4~6 种,栅格间距还可以自由调节。

④ 起捕装置。对于深水网箱来说,一次养成的鱼可达几吨至几十吨,如果人工起捕,劳动强度大,效率低。网箱起捕的机械化装置主要有吸鱼泵和带抄网的起吊机。吸鱼泵是通过特定的方法使吸鱼管内处于负压状态,在大气压力的作用下,鱼和水一起被吸到贮鱼设备中,从而达到起捕的目的。目前吸鱼泵采用鼓风机抽取管内空气,即通过叶轮高速旋转产生的离心力抽取管内空气,或通过高速水流抽取管内空气。国内目前研制出一种真空吸鱼泵,贮鱼罐内用真空泵形成负压,然后打开吸鱼管阀门,鱼、水进入贮鱼罐,罐内水位到一定高度时,关闭吸鱼管阀门,打开罐上出鱼阀门,将鱼转移到运输设施上,上述过程由系统自动控制并重复进行。此外,还可用工作船上的起吊机吊起捞鱼的抄网,将鱼起捕到运输船上。两种起捕方法都要求先把网箱中的鱼聚集在一起,使鱼水达到一定的比例(通常大于 1:1)。HDPE 圆形重力式网箱是目前我国深水网箱养殖的主要类型,上部有较大的敞口和操作空间,易于进行起捕操作。另有像碟形网箱这类特殊形状的网箱,其起捕的难度在于如何将鱼聚集到一起,因此需要用一些特殊的方法,甚至需要潜水员进入网箱进行操作。

⑤ 洗网工具。在养殖过程中,网衣上不可避免附着藻类、贝类等海洋生物。随着附着生物量的增加,网衣会被堵塞,从而阻碍网箱内水体交换,使水质变差,影响鱼的健康和生长。网衣上大量生物的附着,增加了网衣的重量和迎流面积,严重的甚至造成网衣破损,因此清洗网衣成了日常管理的一项重要内容。如今国内外已有多种专门用于清洗网衣的工具,其主体结构是一个带毛刷的圆盘,高压水流通过圆盘既可带动圆盘旋转,又可冲洗网衣。圆盘上装有把杆,工作人员在船上手握把杆使圆盘在网衣上反复移动,直接清洗水下的网衣。或者只用高压水枪直接对海里的网箱进行冲洗,但需要潜水员下水操作。日本曾研制出网衣清洗机。在一般情况下,更换网衣需要回到岸上清洗。此外,还有阳光暴晒、生物清除、药物清除等方法,要根据实际情况合理选择。洗网是一个系统的工作,在养殖开始前就要规划好,清洗要及时、定时。一旦大量生物附着后,各种在水中直接清洗的

方法都难以起效,将不得不换网,从而增加劳动强度。

换网、起网时,即使一套周长只有 40 米的普通聚乙烯网衣系统,其重量也在 200 千克以上,而且网衣在使用的过程中吸水并有生物附着,重量会明显增加,此外还有大量的沉石,使其总重量非常可观,因此,使用机械起吊将是必然的需求。目前,我国起网、换网主要靠手工操作,这也限制了大规格 HDPE 深水网箱在我国的应用。

⑥ 养殖废弃物收集工具。在养殖生产过程中,会产生大量的废弃物,如残饵、死鱼以及管理人员的生活垃圾等。若任其大量进入养殖海区,一旦超出水体自净能力,就会对海区造成严重污染,甚至会造成病害暴发与流行。因此,要认识到废弃物的危害,树立不随意向海区排放废弃物的意识,养成收集废弃物并带回岸上处理的习惯。同时,要做好投饵管理,减少残饵的产生。

4. 养殖技术

(1) 传统网箱养殖技术。传统网箱的标准养殖技术主要包括养殖规划、场址选择、网箱设置、鱼种放养、日常管理和起捕出售等内容。

① 养殖规划。养殖规划是养殖生产前的计划阶段,所涉及的内容包括网箱养殖的全过程。养殖规划首先要了解所在地区海水温度、盐度及其历年最高值、最低值等基本情况,以确定适养品种范围。其次要确定网箱规格和数量,选择适宜布置的海面区域。第三,根据网箱规模和所选海区的实际水温、盐度、水流等情况确定养殖品种和养殖数量。第二和第三步是相互影响的,也可以先确定养殖品种和养殖数量,再选择适宜的海区和网箱规模。目前近海适宜设置传统网箱的海区大都已被开发,因此场址选择比较容易,而且制作、设置网箱的成本比较确定,从这两方面入手比较容易作出整体规划,养殖品种和养殖数量可以在养殖过程中调整。第四要制订应急措施,如遇大风浪时的应对方法、饵料缺乏时的应对方法、病害暴发时的应对方法、高温和极寒时的应对方法等。应急措施要求全面、详细、操作性强,并在养殖过程中根据实际暴露的问题进行修订。所以,养殖规划不是一个单一的过程,它在生产之前形成,贯穿生产过程,受实际生产的反馈做出调整,再来指导下一次生产。

② 场址选择。场址选择就是选择网箱养殖的海区,是健康养殖和安全生产的基础。选择养殖海区应注意以下几点:

A. 海区环境。选择风浪较小、水质无污染的内湾或岛礁环抱、避风条件好的浅海作为养殖海区。海底地势应平坦,便于网箱固定。水流应畅通,流速以 0.3～1 米/秒的往复流为宜,转流容易造成网箱扭曲变形,有周期的长波涌浪对网箱的作用力较小。水深宜为 6～15 米,最低潮时网箱底部与海底距离 2 米以上。附近无工业、农业、城镇生活污水等污染源,并且远离河口等易受淡水冲击的区域。避开航运频繁的航道、港湾、码头及旅游海区。距离码头不能过远,以半小时航程以内为宜,便于饵料、生活物资等运输。有电力供应者最佳。

B. 气象条件。应掌握不同季节、不同月份的风向与风力级数、气温、水温等信息。要综合考虑历年的数据,了解其极值数据和出现的时期,分析养殖品种能否安全越冬、度夏,生产上提前做好应对措施。

C. 水质条件。水质要求盐度较稳定,pH 为 7.5～8.5,溶氧量在 5.0 毫克/升以上,海水透明度大于 0.3 米,重金属含量在《渔业水质标准》(GB 11607—1989)的规定范围之内。

D. 浮游生物与赤潮情况。浮游生物可成为养殖鱼类的自然饵料,也会加快在网衣上的附着速度。赤潮会造成养殖鱼类大量死亡,因此要密切关注赤潮的发生情况,做好转移养殖鱼类或整体网箱的准备。

E. 保障条件。网箱养殖过程中,要有稳定的苗种来源、饵料供应、销售渠道以及便利的运输、生产、生活条件,并要了解养殖区域及周边区域的养殖年限,调查该区域及周边区域历年的养殖情况和病害发生情况,谨慎确定养殖海区。

③ 网箱设置。传统网箱框架的常用材料是进口的松木板,厚 6～8 厘米,宽 30 厘米,通过纵横整齐排列,连接固定成格子形状。每一个格子就是一口网箱,以正方形居多,边长通常为 3 米。20～30 口网箱连片组成一个鱼排,两个以上鱼排以绳索连接,再用废车胎作缓冲。框架的规格可依具体情况自行确定,方形的框架排列紧凑且比较灵活多变。以 3 米×3 米的框架为例,可以通过悬挂不同大小的网衣形成

3米×3米×3米、3米×6米×4米、6米×6米×4米等不同规格的网箱。

鱼排在涨、落潮头各用3～4只锚或桩固定,在非潮流方向用2～3只锚固定,锚重为100千克左右。两个以上鱼排应顺潮流方向首尾相连组成一个养殖单元。养殖单元中网箱数量不宜过多,以保证中间位置的网箱也有足够的水流。养殖单元之间的布局要合理,应留出沿岸流通道和顺流主通道。不同的养殖单元之间的距离应达20米以上,以保证水流畅通并供工作船行驶。养殖网箱面积通常不超过该水域面积的1/10。

网衣是箱体的主要材料,其规格见表2-1。聚乙烯材料的网衣具有几乎不吸水、强度高、耐日晒、耐腐蚀、价格便宜等诸多优点,是现在最常用的网衣类型,但其密度比水小,浮于水面,使用时底部需加沉子以保持箱体形状。沉子可用镀锌管制成同网箱底部大小的方框,也可用5～10千克的沙袋等。

表2-1 聚乙烯网衣规格

网目(毫米)	网线规格	直径(毫米)	百米重(克)	破断强度(千克)
0.5～1	0.23/1	0.23	4.36	2.37
1～2	0.23/1×2	0.46	9.33	3.55
3～10	0.23/1×3	0.53	14.0	5.32
10～13	0.23/2×2	0.67	17.0	6.62
13～20	0.23/2×3	0.78	28.0	9.94
20～25	0.23/3×3	0.96	42.0	14.9
25～30	0.23/4×3	1.13	56.0	18.4
30～40	0.23/5×3	1.29	67.0	23.0
>40	0.23/10×3	1.94	140.0	46.0

浮子是使网箱框架漂浮于水面的主要载体。每隔80～100厘米捆绑一只浮子,使整个网箱口离开水面30～40厘米。市场上有网箱构架专用的泡沫浮子,使用时先在外面包裹一层细密的网衣,以使浮

子不易破损,也有利于清理附着物。

④鱼种放养。设置好网箱后就可开始放养鱼种。体长3厘米以下的鱼苗环境适应能力差,直接在网箱中养殖成活率低,因此最好选用规格较大的鱼种进行养殖,以提高成活率,也能缩短养殖周期。可供参考的鱼种放养规格:石斑鱼为50~150克/尾,鲷科鱼类为4~8厘米,鲈科鱼类为5~6厘米等。放入苗种时,应注意运输途中的水温、盐度与养殖海区的差异不能过大,或者应设法逐渐过渡,一般温差以不超过3℃为宜。

鱼种放养前,应进行消毒处理:用淡水浸浴3~15分钟,或用10~15毫克/千克的高锰酸钾溶液浸浴5~10分钟。浸浴要根据鱼的状况确定具体时间,或先用少量鱼进行浸浴试验以确定最佳时间。

网目选择最小个体鱼不能穿过的即可。放养密度可参考表2-2。

表2-2 不同规格的鱼苗网箱放养密度参考表

鱼苗规格(全长) (毫米)	放养密度 (尾/米³)	鱼苗规格(全长) (毫米)	放养密度 (尾/米³)
20	750~1250	80	120~180
25	600~900	90	80~120
30	480~720	100	50~72
40	380~560	110	30~50
50	300~450	120	25~40
60	230~350	140	20~30
70	170~250	160	15~25

⑤日常管理。

A.投饵。网箱养殖的日常管理主要工作是投饵。目前传统网箱还是以投喂鲜杂鱼为主,容易造成海区污染,影响鱼类健康,而且投饵量不稳定。鲜杂鱼不易保存,供应多就多投,供应少就少投,没有时就不投,这样的投饵方式不能保证鱼类快速生长。配合饲料是根据鱼的营养需要,将各种营养成分按科学的比例配制而成,营养全面,可增强鱼类免疫力,饲料利用率高,对水体污染小,便于运输和贮存,适合在自动投饵机上使用。配合饲料在网箱养殖中应用广泛,将是未来发展的方向。

配合饲料按形态可分为粉状饲料、颗粒饲料和膨化饲料三种,后两种比较适用于日常网箱养殖。粉状饲料混入药物,再加水调制成块状投喂,可在防治鱼病时使用。

不同鱼的营养需求有差异,选择与其需求相适应的配合饲料,将有助于鱼类的生长。饲料颗粒大小要适口,并要随着鱼体的生长及时调整。

日投饵率与投饵频率是影响饲料利用率的重要因素。日投饵率是指每日投饵量占养殖鱼体重的百分比,一般为 3%～8%。小规格鱼、速长型鱼以及水温高时投饵率高,相反则投饵率低。在养殖过程中,鱼的体重不断增加,因此要定期通过抽样、称重等方法测算鱼的总重,根据投饵率调整日投饵量。投饵频率是指每日的投饵次数。将日总投饵量分成数次投喂,有利于提高饲料利用率。肉食性鱼类一般为 2～3 次/日(鱼苗、鱼种)或 1～2 次/日(成鱼),杂食性、草食性鱼类一般为 4～6 次/日。

投饵的一般规律是小潮水时多投,大潮水时少投;水温适宜时多投,水温太高或太低时少投或不投;小规格鱼多投,大规格鱼少投;生长速度快的品种多投,生长速度慢的品种少投。投喂饲料时,要掌握"慢、快、慢"的节奏,开始时少投、慢投,待鱼大量上浮抢食时,多投、快投,大部分鱼吃饱散开后,再少量慢投,照顾弱小个体,以减少饲料浪费。

B. 日常巡检。日常巡检包括安全检查与鱼群状况观察。每天都要检查鱼排有无开裂、损坏(特别是木板接头的地方有无松动),捆绑的绳索有无松动、断裂,锚泊有无位移,网衣上生物附着情况(决定是否清洗或更换网衣),网衣上有无破洞等一系列涉及安全生产的内容。此外,每天还要观察鱼群活动情况,结合投饵时鱼群摄食情况,判断鱼群是否正常。一旦发现鱼群活动反常,或摄食突然明显减少甚至不吃,就要警惕是否有病害发生,仔细检查鱼体有无寄生虫、体色有无改变、体表黏液是否增多和有无溃烂、出血等情况，从而尽早制订防治措施。另外，水温、盐度、pH、溶解氧、光线、声音、混浊度、水流等较大幅度的变化以及污染物和敌害生物等都会引起鱼群异常活动，这需要在养殖过程中积累经验，以便做出准确判断。

C. 分箱。分箱也是日常管理的一项重要工作。一方面，鱼类在生长的过程中将出现个体差异，当差异越来越明显时，小个体鱼抢食不到饵料，影响其生长，将进一步加剧此差异程度。当饵料缺乏时，小个体鱼甚至被大个体鱼捕食。另一方面，鱼群总重的增加会超出原网箱的容纳极限，必须及时按鱼体规格、体质强弱分箱养殖，使所有鱼都能快速生长。分箱时要小心操作，防止损伤鱼体，以免引发疾病或造成死亡。

D. 清洗和换网。网箱下水后，将很快吸附污泥、海洋生物等，影响水体交换。网目越小，越容易被堵塞，造成网箱内缺氧、氨态氮浓度升高，危及鱼类生存。可通过刷洗、拍打等方式清理附着物，但附着严重时，就要更换网衣。传统网箱换网操作相对比较容易，但清洗和更换网衣也要视具体污损情况而定。由于大网目网衣不易被堵塞，因此，应尽可能使用大网目网衣。

⑥ 起捕出售。鱼体在网箱中的生长曲线呈"S"形，开始时生长较慢，中间有一段快速生长期，之后生长速度又逐渐下降，因此在鱼度过快速生长期后及时起捕比较合算。当然也要根据市场对成品鱼规格的要求而定，从而缩短养殖周期，加速资金流转，有利于养殖生产持续进行。

（2）深水网箱养殖技术。深水网箱的养殖技术要点与传统网箱基本相同，但对各方面都有更高的要求。

① 网箱类型选择。离岸深水网箱养殖是海水养殖业的发展趋势，养殖业发达的国家都在应用新材料、新技术设计新类型的深水网箱。目前深水网箱有 HDPE 圆形全浮式网箱、HDPE 圆形升降式网箱、浮绳式网箱、碟形网箱、TLC 网箱、船形组合网箱、Farmocean 网箱、锚拉式海洋圆柱网箱等多种类型，它们的优点、缺点见表 2-3。在养殖时，应根据实际情况选择网箱类型。

表 2 - 3　不同类型深水网箱优点、缺点比较

网箱类型	形状、主要结构	优 点	缺 点
HDPE 圆形网箱	圆柱形,HDPE 管材,连接件组装成形,提供浮力和操作扶手平台	操作管理方便,观察容易,浮架可安放沉浮装置成为升降式网箱	在水流作用下,会有较大的体积损失
浮绳式网箱	方形,由绳索、网衣和浮子组成的柔性网箱	抗风浪能力强,制作容易,成本低廉	无依托,管理难度大,体积损失大
碟形网箱	碟形,由钢制十二边形中央浮环上、下各引出12 条高强度纤维绳与中央圆柱两端相连成形	抗流性能好,可以移动,快速升降,适用于开阔水域	造价较贵,组装较难,需水下监控设备或潜水管理
TLC 网箱	帽形,为传统网箱的倒置型,底部用拉索固定于海底	可顺流漂移、自动下沉到海面下,减轻受波浪的冲击	抗流能力差
船形组合网箱	船形,钢材或橡胶材质组成箱架,头部固定,并可绕其做 360°旋转	操作管理、观察方便	抗疲劳冲击能力差,不适用于波浪频繁发生的海域
Farmocean 网箱	腰鼓形,用侧面支架注水或充气控制升降	自动化程度高	造价贵
锚拉式海洋圆柱网箱	方形,四根钢质圆柱形浮子,网衣通过绳索固定于浮子上	网衣浮子整体性强,稳定性好,升降容易	组装、维修非常困难

② 网箱设置。

A. 锚泊系统。由于深水网箱设置在较开阔的海域,受海流和风浪影响较大,因此对锚泊有较高的要求。以下是几种深水网箱设置示意图(图 2 - 11、图 2 - 12)。

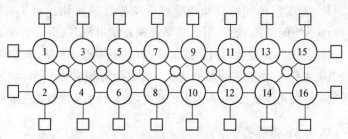

图 2 - 11　深水网箱分散独立设置示意图

□—铁锚和桩;○—分力器

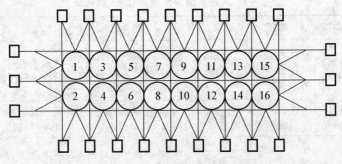

图 2－12　深水网箱紧密设置示意图
□—铁锚和桩

B. 网衣。深水网箱放鱼后,可长时间不换网,分箱次数也较少。网衣材料要牢固耐用。网眼应较大,不易被附着物堵塞,以保持网箱内水体充分交换,排泄物和残饵能顺利地被水流带出网箱。此外,防污性能要好。网衣下水前,最好涂防污涂料,可有效减少清洗网衣的次数并避免换网。

③ 鱼种放养。深水网箱设置在半开放或全开放性海域,海流比较强,而且使用大网眼的网衣,因此要求放养鱼种的规格比传统网箱大,一般体长 10～15 厘米,或体重 100 克左右。

④ 机械化和自动控制系统。从鱼种放养到养成,一般需要分箱 1～3 次。以 HDPE 圆形网箱为例,分拣 4 万条鱼,需要 10 个工人 3 天的时间;起捕 1 吨鱼,需要 10 个工人连续工作 4 小时。换洗网衣更是高强度的劳动。当然,这还是建立在该种网箱操作相对简单的基础上。因此,深水网箱养殖要积极推进养殖操作机械化。对于离岸远、水下操作不便的网箱,还要引入自动控制系统,以提高劳动效率。

⑤ 配合饲料。配合饲料目前由高蛋白、高碳水化合物、低脂肪向低蛋白、低碳水化合物、高脂肪类型转变。深水网箱养殖引入高性能配合饲料,有利于提高鱼体抵抗力,提高生长速度,也有利于实现自动化操作。

（二）池塘养殖

池塘养殖是指在海边或河口地区人工挖塘养殖海水鱼类。池塘面积大小可因地制宜,一般以 2～10 亩(1 亩＝666.67 平方米)较实用。凡是生长迅速、肉味鲜美、营养价值高、苗种易获得、饵料较易解决、适应性较强的咸淡水鱼类,均可作为池塘养殖的对象。目前我国咸淡水池塘养殖的主要品种有鲻鱼、遮目鱼、梭鱼、罗非鱼、大弹涂鱼、黑鲷、鲈鱼等。近几年海水鱼池塘养殖发展较快,养殖规模逐渐扩大,养殖产量逐渐上升。

1. 养殖场选址

选择潮流畅通、海水进排方便(无论大小潮均可进水)、水源充足、水质未受污染、地势较平坦的地方建场较好。此外,交通及用电应方便。

2. 池塘条件

池塘的形状一般以长方形(长为东西向、宽为南北向)为好,其长宽比例可为 3∶2。池塘面积视鱼苗、鱼种、成鱼养殖的需要而定。一般情况下,鱼苗池面积为 1～3 亩,水深为 1 米左右;鱼种池面积为 2～5 亩,水深为 1.3～1.5 米;成鱼池面积为 5～10 亩,水深为 1.5～2 米;越冬池面积为 2～3 亩,水深为 2～3 米。

3. 池塘清整

(1) 清整池塘的目的。一是消灭野杂鱼及有害生物;二是消灭病原体、细菌及寄生虫等,以减少鱼病发生;三是疏松底土,加速腐殖质的分解,以利水质变肥,促进池内饵料生物的繁殖。

(2) 池塘修整。新开池塘一般需要海水浸泡 3～5 天,然后将池水全部排出,再引进新鲜海水浸泡、排出,如此反复 2～3 次,直到池水变清、呈微碱性。若呈酸性,可加些生石灰调节。

老池塘经过 1 年的养殖生产,待收获后,选择在晴天时先将池内积水排干,暴晒数日后,再挖去塘底淤泥,修堤补洞,清除池边、岸边及池底的污物,清沟及平整池底。

(3) 药物清塘。清塘药物种类较多,常用的有生石灰、巴豆、漂白粉、茶粕(饼)和鱼藤精等,可根据药物特性和池塘实际情况选择一种或两种施用,其中以生石灰清塘最好,一般在鱼种放养前两个星期进行。

①生石灰清塘。生石灰遇水,放出大量的热并产生氢氧化钙,在短时间内使水的 pH 提高到 11 以上,具有强烈地破坏细胞组织的作用,可杀死野杂鱼、水生昆虫和病原体等。使用生石灰清塘应在干塘后 1～2 天进行,底部全部用水淹没 6～10 厘米,每亩用量一般为50～60 千克(质量差的生石灰,用量须适当增加),带水全池泼洒。在进排水不便的池塘,可带水清塘,每亩(水深 1 米)施用生石灰 125～150 千克,使用时将生石灰加水成浆全池泼洒。清塘后 10 天放苗。

②茶粕清塘。茶粕含皂角素,它是一种溶血性毒素,能破坏鱼类红细胞,产生溶血现象而使其死亡。茶粕药效很强,除杀死野杂鱼外,还能杀死贝类、虫卵与昆虫;药效消失后,还有肥水作用。它适用于不能排干池水的池塘,其用量依水深不同而不同,平均水深 1 米时每亩用量 40～50 千克。使用时先将茶粕捣碎成小块,放桶中加水浸泡24 小时,选择在晴天中午将其连浆带渣,加入大量的水冲稀后全池泼洒即可。清塘后 10～15 天即可放苗。

③鱼藤精清塘。鱼藤精含有 25％鱼藤酮,对鱼类和水生昆虫有杀灭作用。鱼藤精清塘的有效浓度为 2 毫克/千克,池塘平均水深1 米时每亩用量为 1.33 千克。用时加水 10～15 倍,装入喷雾器喷洒。清塘后7～8 天放苗。

④漂白粉清塘。漂白粉(一般含氯 30％)有强烈的杀菌作用。池塘平均水深 1 米时每亩用量为 13.5 千克,水深 7～10 厘米时每亩用量为 5 千克左右。使用时将漂白粉放入桶内,加水溶解后,立即全池泼洒。清塘后 2～3 天放苗。

⑤巴豆清塘。巴豆含有巴豆素,它是一种毒性蛋白,对鱼类表皮组织和呼吸器官有破坏作用,使鱼血液凝固而死亡,是浙江一带惯用的一种清塘药物,适用于有水或水不能排干的情况。池塘平均水深1 米时每亩用量为 5～7.5 千克。使用时先将巴豆捣碎,用 3％的盐水浸泡 3～4 天(加盖密封浸泡),清塘时用池水稀释,连渣带汁全池泼洒。清塘后 10 天放苗。

注意:在放苗前,先在池内取一盆水,放 10～20 尾鱼苗,看其是否正常,如正常即可放苗,如发现情况反常要推迟放苗,以免造成大批鱼苗死亡,影响生产。

4. 施肥与投饵

在放养较密的池塘内,养殖的鱼类获得池内天然饵料较少,因此必须适量施肥并投喂足够的饵料,这是获得较高产量的措施之一。

(1)施肥。

① 施肥的目的。施肥主要是增加池中的营养盐类,使浮游生物繁殖,同时池底的有机碎屑可使底栖生物也相应增多。施肥使水质变肥,池内饵料生物增加。

② 肥料的种类。肥料分有机肥与无机肥。有机肥(绿肥、粪肥及堆肥)成分全面,肥效持久,一般用作基肥。无机肥(氮肥、磷肥及钾肥)又称化学肥料,成分单一,肥效迅速,一般可用作追肥。有机肥和无机肥可单一使用,也可混合使用。使用绿肥时应注意不能将腐烂的残物除去。使用堆肥时仅用肥汁,而未腐烂的残物不能施入池内。

③ 施肥的方法。施肥分施基肥和追肥。施基肥时,池塘清整后施入有机肥料,使池水逐渐变肥,每亩用量为 200 千克。如新挖池塘可适当增加用量,老池塘可适当减少用量。基肥应施早、施足。追肥可补充池内不足的营养盐类,一般用无机肥料,也有混合使用的,但追肥应少量勤施。

(2)投饵。各种饵料的营养成分虽有不同,但一般均有脂肪、蛋白质、碳水化合物、矿物质及维生素等。

① 饵料的种类。饵料分植物性饵料、动物性饵料、人工饵料(俗称颗粒饵料)。植物性饵料有海藻类、草类、菜叶、植物茎叶、高粱梗、玉米梗、饼粕、米糠、麸皮、酒渣及豆渣等;动物性饵料有海产低值贝类、小虾、小蟹、小杂鱼、蚕蛹、鱼粉、鱼干及动物废弃物等;人工合成饵料则是米糠、鱼粉、豆类、农作物、工厂废弃物、矿物质、维生素及黏合剂等按一定的比例加工而成的,分为浮性、沉性、半沉性及膨化等颗粒饵料。

② 投饵技术。投饵技术的高低与饵料消耗量有密切的关系。投饵时应考虑季节、天气、水色、鱼类的活动及摄食情况。投饵应定量、

定质、定时、定位。定量是指根据鱼体大小、活动情况、摄食情况、水色、天气及不同季节等来确定投饵量;定质是指饵料的新鲜程度与质量的好坏;定时是指按时投饵,一般每天投饵的时间比较固定,每天投饵 1～2 次;定位是指投饵有固定地点,一般开始时投饵面广些,慢慢地集中到几个点,而且固定地点,使鱼类建立起条件反射。

③ 解决饵料的途径。饵料一般就地取材,利用来源广、价格低廉、鱼又喜欢吃的动植物作为鱼类的饵料。

A. 建立饵料基地。利用滩涂种植大米草,此草既易种植,又易推广,亩产可达 1000～2000 千克,也可利用池坡及低洼地种植青菜、生菜等植物。

B. 利用农作物及加工厂的废弃物。野生植物、稻草、玉米梗、高粱梗及甘蔗渣等加工粉碎并发酵后制成鱼类的饵料。食品厂、粉丝厂等加工厂的下脚料也可用作饵料。

C. 配置人工饵料。建立饵料加工场,根据所养鱼类的不同发育阶段对蛋白质、脂肪、碳水化合物、矿物质及维生素等的需要,制成适合鱼类摄食的饵料,也可从饲料厂直接购买颗粒配合饵料。

5. 鱼类浮头

(1) 鱼类浮头的原因。因为海水中氧气不足,鱼类为了从空气中吸取氧气便浮在水面上吸气,俗称"浮头"。鱼类浮头过多就会影响生长及鱼体健康,严重时甚至会造成大批鱼死亡。其具体的原因如下:

① 天气闷热、水温高、水质肥时,鱼类容易浮头。

② 池内有机物质的分解及有毒物质产生,常会造成鱼类浮头。

(2) 鱼类浮头轻重的判断。

① 时间。黎明前后浮头轻,夜里浮头重。

② 位置。池中央浮头轻,池边浮头重。

③ 先后。上层鱼类浮头轻,底层鱼类浮头重。

④ 沉浮。受惊后鱼往水下层游浮头轻,受惊后往上层游浮头重。

(3) 鱼类浮头的防治。防治鱼类浮头,要抓紧日常养殖管理工作,经常注水、排水,适量施肥,养殖密度适中,搭配比例合理,并定期使用增氧机增氧。

若发生浮头,要及时加入新鲜海水或开增氧机。若潮汛不对,水源有困难时,可利用相邻 2 个池塘互换水。浮头严重时,可一边排水一边加入新鲜海水,直到浮头消除为止。此外,可购买增氧剂备用,当鱼类浮头时应急施用。

6. 鱼类病害的防治

海水是鱼类的生活环境。对于鱼类,一方面需要良好的环境,另一方面自身要对环境有一定的适应能力,若不适应环境变化就会生病或死亡。影响鱼类生病的因素有三个方面:一是自然环境因素,如温度、盐度、酸碱度、溶解氧等的变化及有毒物质的存在;二是人为因素,如饲养密度过大、混养比例不合理、管理不当、投喂变质饵料及机械损伤等;三是生物因素,如细菌、病毒、寄生虫及其他敌害等。除环境因素外,鱼类病害还与内在因素有关,如鱼体自身抗病力的强弱,这又和鱼类不同种类、不同生长发育阶段、生活习性及健康状况等有关。鱼类生活在海水中,只要注意加强对水质、饵料及施肥等方面的管理,一般不容易生病。鱼类一旦生病,治疗较困难,因此应以预防为主。

(三)陆基工厂化养殖

1. 概述

陆基工厂化养殖海水鱼类是近 10 年来首先在我国北方沿海兴起的一种集约化养殖模式,选择在沿海陆地建水泥池和温室大棚,并打深井取海水用于工厂化养殖海水鱼类。深井海水是现阶段工厂化养鱼的核心条件,因为地下海水水温稳定,水质良好,对工厂化养鱼可以起到节省能源、降低消耗和加速生长的作用。

目前,我国陆基工厂化养殖绝大多数为开放式流水养鱼方式,属工厂化养鱼的初级阶段,养殖的品种北方有大菱鲆、牙鲆等鲆鲽鱼类,闽南、广东省等南方沿海主要是石斑鱼类。近年来,在北方沿海地区由于地下水资源过度开采而出现紧张状况,为了持续发展海水工厂化养鱼,目前已有少数单位开始建设半封闭式或全封闭式内循环高密度的工厂化养鱼系统。

与开放式流水工厂化养殖相比,全封闭式内循环高密度的工厂化养鱼是指对使用过的养殖水,通过物理、化学、生物等方法,进行无害化处理使之符合无公害健康养殖水质的要求,再循环利用用于养殖。两者在养鱼车间、鱼池等结构上是相似的,不同的是后者的养鱼用水须回收利用。因此,必须具有功能完善、运转良好的水质净化系统,这是全封闭式内循环工厂化养鱼的关键和技术核心。

全封闭式内循环工厂化养鱼是现代设施渔业的具体体现之一,是当今最先进的养鱼方式,具有占地少、单产高、受自然环境影响小、可持续生产、经济效益高、操作自动化等优点。工厂化养鱼日益受到国内外专家、学者的普遍关注,被认为是解决养殖业与环境问题的出路之一。封闭式内循环工厂化养殖将成为渔业可持续发展的必然趋势和主流。

2. 养殖场址的选择

首先要确定工厂化养殖的品种,选择适宜的养殖模式和规模,再选择养殖场址。场址条件的优劣不仅影响工程的难易和投资费用,而且对投产后的生产和经营有直接的影响。工厂化养鱼场场址应选择交通方便、水源和电力充足的地点,有海水和淡水资源,水量充沛,水质符合《无公害食品 海水养殖用水水质》(NY 5052—2001)。用地下海水作为养殖水源时,应先进行详细的水质分析。浙江沿海的地下海水,含铁量往往很高,不宜作为养殖水源。可在沙滩边建工厂化养鱼场,在沙滩的高潮位挖深水井取海水用于流水养鱼,水质好,建造成本低。

3. 养鱼车间和鱼池

(1)养鱼车间。养鱼车间多为双跨、多跨单层结构,跨距一般为9～15米,砖混墙体,屋顶断面为三角形或拱形。屋顶为钢架、木架或钢木混合架,顶面多采用避光材料,如深色玻璃钢瓦(图2-13)、石棉瓦(图2-14)或木板等。设采光透明带,或通过窗户采光,室内照明度以晴天中午不超过1000勒克斯为宜,同时应满足不同的养殖鱼类品种对光线的不同要求。

图 2-13　工厂化养鱼车间双跨、拱形钢架屋顶(深色玻璃钢瓦)

图 2-14　工厂化养鱼车间双跨、三角形木架屋顶(石棉瓦)

　　(2)鱼池构造。鱼池有长方形、正方形、圆形(图 2-15)、八角形、方形去角等形状。长方形池具有地面利用率高、结构简单、施工方便等优点,以前多被国内外厂家采用;圆形池中央积污、排污无死角,鱼和饵料在池内分布均匀,生产效益比长方形池好,但是地面利用率不高;方形去角池综合了方形池和圆形池的优点。养殖池面积为20~50 米²,深度为60~100 厘米,池底呈圆锥状,坡度为3%~10%,池中央设置排水口,排水口安装多孔排水管。若养殖游泳性鱼类,养殖面积可适当增大,并增加鱼池高度(大于 1.5 米),以免鱼跃出池外。养殖池进水管应沿池壁切向进水,从而将池底残饵、粪便冲起,及时排污。

图 2-15 工厂化养鱼池

4. 水质净化系统

全封闭式内循环高密度的工厂化养鱼,养鱼用水需回收利用。要达到鱼类最佳生活环境的水质要求,必须具有功能完善、运转良好的水质净化系统。在水产养殖场的水处理设备配置中,通常包括过滤、蛋白分离、生物处理等几个环节。水处理工艺流程见图 2-16。

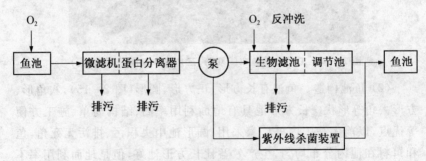

图 2-16 工厂化养殖水处理工艺流程

(1)颗粒过滤。颗粒过滤是指通过 80~300 目筛网来滤除悬浮物的一种机械过滤法。通常可选用回转式微滤机,将残饵、粪便等固体和高浓度的杂物实时分离出去,以减轻下一流程的生物处理负荷。

(2)蛋白分离。利用气泡表面能够吸附混杂在水中各种颗粒状的污垢和溶于水中的蛋白质的原理,用蛋白分离器可将微滤机无法分离的悬浮物及胶质蛋白等细小杂质分离出去。

(3)生物处理。生物滤池是应用最普遍的生物处理方法,它由池体和滤料组成,即在池中放置碎石、细沙或塑料粒等构成的滤料层,增加与海水接触的表面积,经过过水运转后在滤料表面形成一层"生物膜"。生物膜由各种好气性水生细菌(主要是分解菌和硝化菌)、霉菌和藻类等组成,当池水从滤料间隙流过时,生物膜将水中的有机物分解成无机物,并将氨转化成对鱼无害的硝酸盐。常用的生物滤池分为浸没式或滴流式。生物滤池的容水量一般为养殖池的 2～3 倍,多为浸没式,由多级滤池串联而成。生物滤池应在使用前 30～40 天加水进行内循环运转,接种活菌制剂或培养海水中的野生菌种,使滤料上逐渐形成生物膜。

(4)消毒灭菌。一般采用渠道式紫外线杀菌装置,其杀菌效果受水体透明度和水深双重影响。当循环水的可见度很低时,灭菌效率也较低。紫外线杀菌最有效的波长为 240 微米,一般选用波长为 240～280 微米的灯管即可。

(5)其他辅助设施。工厂化养鱼辅助设施主要还有增氧、加温、监控、供电、水泵等设备。

5. 饲养管理

(1)养殖鱼类品种的选择。工厂化养殖是一种高投入的养殖模式,相对而言投资风险较大。应选择名贵、市场价格高的品种,以获得较高的投资回报;同时,应选择养殖名贵鱼类中技术要求较高、适合水泥池高密度养殖、最好能摄食人工配合饲料的鱼类品种,以获得较高的附加值。

(2)放养前的准备工作。各个鱼池在使用前必须洗刷干净,新建的水泥池需用淡水浸泡 1 个月左右。整个养鱼系统要进行试运行,以便提前消除事故隐患。具有生物滤池的工厂化养鱼场,要待细菌生物膜生长成熟后,才可开始养鱼。

（3）苗种放养。苗种要求为规格整齐、体形正常、活力强、已能集群摄食人工配合饲料的个体。工厂化养鱼一般采取单养的方式，根据所养的鱼类特性制定相应的管理方法。

养殖密度同样决定着整个工厂化养殖的效益。养殖密度应依据水源、水质、基础设施和技术、管理水平及养殖的鱼类品种而定。普通流水养鱼密度一般为 50～200 尾/米²。

（4）饲料投喂。干性颗粒配合饲料一般日投喂量为鱼池中鱼的总体重的 1.5%～15%。随着鱼体长大，日投喂量和鱼体重之比逐渐降低。一般以每次投喂后 10 分钟基本无残饲为原则，并根据鱼体的大小、摄食情况、水温高低、水质好坏等情况灵活掌握。日投喂 2～4 次，幼鱼期应多投。

（5）日常水质监控和管理。养成期间要定期检测水温，配备仪器设备，每天抽样检测养殖用水的溶解氧、盐度、pH、氨态氮浓度等。水质调节主要通过调节水的交换量来控制，一般换水量保持为每天 3～10 个量程，应具体根据养殖品种、密度、水温及供水情况等因素综合考虑。

（6）清污和倒池。每天至少清污 1 次，一般每次投饵完毕要拔掉排污管，迅速降低水门，并使池水快速旋转，以带走池底大量的污物和残饵。

养鱼池要定期或不定期倒池，对养殖池进行彻底的清洁和消毒。若鱼个体差异明显，在倒池时需要分选。

三、

人工繁殖

海水鱼类的人工繁殖是指鱼类在人工控制下,使亲鱼的性腺发育成熟,并通过催产剂和外界条件的刺激,使亲鱼发情、产卵、排精;或者采用人工授精的方法获得受精卵,然后给予一定的条件,使受精卵孵化。因此,鱼类的人工繁殖一般分为亲鱼培育、催产、产卵和孵化四个阶段。

(一) 亲鱼培育

亲鱼培育是鱼类人工繁殖的关键,是鱼类人工繁殖的物质基础。只有在亲鱼性腺成熟的基础上,给予适当的催产措施与外界条件的刺激,人工繁殖才能顺利地进行。如果亲鱼没有培育好,性腺尚未成熟,即使有最好的催产技术,也难以成功。

1. 亲鱼的来源

目前,亲鱼的来源有海捕或养殖两种方式。海捕亲鱼一般在繁殖季节从产卵场捕获,成熟的亲鱼可直接采卵进行人工授精,尚未成熟的亲鱼则暂养供催产用。养殖亲鱼就是选择人工养殖的鱼培育作为亲鱼。

2. 亲鱼的选择

已达到性成熟年龄、个体大、体质健壮、发育正常、没有受伤的鱼都可培育成亲鱼。雌雄比例一般为1:1。对于雌雄难以区别、生长及性成熟年龄又有差异的品种,选择亲鱼时应注意大小搭配,防止雌雄比例严重失调,影响人工繁殖顺利进行。

3. 亲鱼的培育要点

饲料是影响亲鱼性腺正常发育的重要因素,饲料的数量和质量直接影响亲鱼的性腺发育。良好的水质有利于亲鱼的性腺发育,培育时要注意水温、盐度、溶解氧和水流等环境条件的变化,并要防止水体污染。

(二) 催产

催产就是用人工方法对性腺发育成熟的亲鱼注射激素,刺激性腺进一步成熟、排卵或排精,从而获得成熟的卵子或精子。选择适合催产的亲鱼,在适宜的水温范围内,使用有效的剂量注射是进行人工催产的必要条件。催产技术的高低影响亲鱼的催产率、受精率、孵化率和亲鱼产后的成活率。

1. 催产的原理

在自然环境中,性成熟的亲鱼一遇到适合的环境条件便进行自然繁殖。一定的外界生态条件(如水温、盐度、潮流及异性等)作用于鱼体的感觉器官(如视觉、听觉、侧线和皮肤等),这些感觉器官的感觉细胞产生冲动,通过神经纤维传到中枢神经,刺激下丘脑分泌促黄体素释放激素,再促使脑垂体分泌促性腺激素。促性腺激素通过血液流到性腺,使性腺发育成熟,最终发情、产卵或排精。

在养殖的条件下,有些海水鱼能够自然产卵,而更多的海水鱼亲鱼在养殖条件下难以自然产卵,因为不能达到自然界中的综合生态条件。对于这些海水鱼类,要进行人工催产才有可能产卵或排精。

人工催产的基本原理:根据鱼类自然繁殖的特征及其生理变化,考虑养殖时生态条件的不足,不能刺激亲鱼的下丘脑促黄体素释放激素的合成和分泌,也不能促使脑垂体分泌足够的促性腺激素进行自然繁殖,所以需要人工催产。把一定量的催产剂注入亲鱼体内,随着体液的流动,将这些激素带到鱼体全身,起着代替鱼体自身下丘脑或脑垂体分泌激素的作用,并促使鱼体自身下丘脑或脑垂体的分泌活动,再加上适宜的生态条件的刺激,从而诱导亲鱼发情、产卵或排精。

2. 催产剂和人工催产方法

用于人工催产的激素称为催产剂。目前生产上广泛使用的催产剂有鱼类的脑垂体、绒毛膜促性腺激素(hCG)、促黄体素释放激素(简称释放素或 LRH)、促黄体素释放激素类似物（LRH－A)等。

注射器使用前要煮沸消毒。催产剂一般用生理盐水制成悬浊液，每尾鱼用 1～2 毫升。一般采用体腔注射或肌肉注射。体腔注射从胸鳍基部凹陷处进针，针头与体轴成 45°刺入 1.5 厘米，把催产液注入体腔；肌肉注射从背鳍与侧线间的肌肉处进针，先用针头稍挑起鳞片，再刺入 1.5 厘米，把催产液注入鱼体。注射时若鱼体挣扎扭动，应迅速拔出针头，待鱼稳定后再注射（见彩色插页）。

一般鱼类注射 1～2 次。亲鱼从末次注射催产剂后到发情、产卵所需要的时间称为效应时间，它随亲鱼的种类、成熟度、水温及盐度等不同而相应提前或推迟。

（三）产卵

亲鱼注射催产剂后将产生生理反应，出现亲鱼兴奋而互相追逐的现象，称之为发情。亲鱼发情达到高潮时，将自行产卵、排精，完成受精，称之为产卵。在实际工作中，有些海水鱼类在注射催产剂后不会自行产卵、排精，需要及时进行人工授精。

（四）孵化

1. 环境条件对孵化的影响

受精卵的孵化是鱼类人工繁殖的最后一环，孵化受多种环境因素的影响。孵化用水需经沉淀、过滤后才能用，水质要求无污染。水温是受精卵发育过程中重要的环境因素之一，鱼类的胚胎发育要求有一定的温度范围。海水鱼类的胚胎发育还需要一定的盐度，盐度的变化将影响孵化率。鱼类的胚胎在发育过程中需要从海水中摄取氧气，海水的溶氧量要求在 4 毫克/千克以上。

2. 孵化工具及管理

海水鱼绝大多数产浮性卵，普通的网箱、水族缸及水泥池均可进行孵化，大多采用微充气孵化的方法。孵化时要注意水温、溶氧量及胚胎发育等变化。

四、
苗种培育

苗种培育是鱼类养殖生产中重要的环节。苗种摄食能力低,同时对外界环境条件的适应性差,而且随着苗种不同的发育阶段,其食性和习性也随之变化。目前苗种培育一般分两个阶段:孵化后大多经 60 天左右才完成变态,育成全长约 3 厘米的鱼苗,称为鱼苗培育;鱼苗经过几个月的培育后,育成全长 10 厘米以上的鱼种,称为鱼种培育。

(一) 鱼苗培育

1. 工厂化水泥池鱼苗培育

目前,海水鱼类最普遍的育苗方式为工厂化水泥池育苗。工厂化水泥池育苗的常规方法简述如下:

(1) 育苗室(图 4 - 1)。育苗室要求密闭,保温性能好,光线可调,具备完善的水、电、气供应系统。

图 4 - 1 海水鱼类育苗室和育苗池

（2）育苗池（图4-1）。育苗池一般为面积20~50米²、水深1.4~1.6米的水泥池，具有独立的进水口、排水口，池底向排水孔倾斜。水泥池底每1.5~2米²布充气石1个，充气石悬挂在离水泥池底约2~3厘米处，以利于日常吸污。

（3）饵料培养设备。饵料培养设备要求具有单胞藻类培育的一、二、三级设施（图4-2），轮虫培养池培养的轮虫、丰年虫孵化池孵化的丰年虫见彩色插页。饵料培养池总面积为育苗池面积的50%~100%。育苗池前期可作为轮虫培养池。

图4-2 单胞藻类培育设施

（4）水质条件。不同品种的海水鱼育苗要求的水温、盐度是各不相同的，其他水质条件要求符合《渔业水质标准》（GB 11607—1989）。

（5）光照强度。防止直射光照射，应在育苗池上方拦一层遮阳网，一般光照控制在500~5000勒克斯。晚上育苗室不开灯。

（6）密度。一般仔鱼期每平方米放养1万~3万尾，稚鱼期每平方米放养0.5万~1万尾，全长达3厘米左右的幼鱼期每平方米放养0.2万~0.5万尾。

（7）投饵。根据育苗的鱼类不同品种，可采用轮虫—丰年虫幼体—活海水桡足类—冰鲜桡足类—鱼肉糜饵料系列，或轮虫—丰年虫幼体—配合饲料饵料系列。例如鲀鱼育苗采用前一种饵料系列，仔鱼孵出后开口摄食轮虫，每日一般投轮虫1~2次，保持育苗池水体中轮虫密度为5~15个/毫升，轮虫投喂前需经高浓度藻液和轮虫强化剂强化 6 小时以上。一般在仔鱼 13 日龄、全长 0.5 厘米左右时,加投刚孵出的丰年虫幼体;投丰年虫幼体 7 天后,加投活桡足类;至幼鱼 50 日龄、全长 3 厘米左右时,在水温 18℃下,每百万条鱼苗日需投冰鲜桡足类 100 千克左右。而黄姑鱼育苗采用后一种饵料系列,即 4～20 日龄投喂轮虫,15～25 日龄投喂丰年虫,在鱼苗 20 日龄时开始投喂鲆鲽类育苗配合饲料 S2。每天早晨先沿育苗池的四周撒投少量配合饲料 S2,之后再换水并投喂丰年虫幼体,驯化 3～7 日后,黄姑鱼鱼苗将明显摄食配合饲料。随着鱼苗长大,应选用合适型号的配合饲料,由全池撒投变为定点投喂,并逐渐减少投喂次数到每天 4 次。

(8)日常管理。在鱼苗开口的前几天不换水,每日加水 10～20 厘米至育苗池水满;开口后每天换水 1～2 次,换水量依水质情况而定,一般日换水量为 20%～100%(图 4-3)。投喂轮虫后,每天吸污 1 次(图 4-4)。

图 4-3　海水鱼类育苗池换水

图 4-4　海水鱼类育苗池吸污

（9）分苗和分池。一般当鱼苗全长达 2 厘米以上时分池，可用鱼
筛分出不同大小的个体。分池方法有自然集群法、配合饲料诱捕法、
底部放水法三种。自然集群法是指仔稚鱼期的鱼苗在育苗池中有明
显的集群习性，在鱼苗密集点直接用普通水桶带水提出至另一个池。
配合饲料诱捕法是指通过配合饲料定点投喂引诱鱼苗，使之集群至水
的上表层，再用水桶提出至另一个池。底部放水法是指当鱼苗全身披
鳞后，一般长达 3 厘米以上时，可直接从育苗池底部龙头将鱼苗放出，
用网兜捞。

（10）出苗计数和运输。一般鱼苗全身披鳞后才可以出苗和运
输，计数可采用简单的称重法。一些容易因摩擦或碰撞导致鳞片脱离
的品种，要带水操作，采用抽样计数法。运输采用尼龙袋充氧法运输，
或采用开放式水桶充气运输。

2. 土池鱼苗培育

海水鱼类除工厂化水泥池育苗方法外，还有类似于淡水鱼类育苗
的土池育苗方法，土池育苗法投资省、成本低，但难以人为控制，易受
天气影响，一般育苗成活率很低。海水鱼的土池育苗在福建省、广东
省沿海地区较常见。

（1）清塘。池塘应排水晒塘 1～2 周，除去多余淤泥。最好耕翻后
整平，然后用药物清池，一般在鱼苗下塘前 7～10 天进行。

（2）施肥培养饵料生物。老塘可不施或少施基肥，新塘应施足基
肥，每亩施 300～500 千克有机肥料。利用茶饼或氨水清塘可不另施
肥料。施肥后约 10 天，饵料生物即可大量繁殖起来，主要是桡足类无
节幼体，20 天后明显减少。

施基肥应在鱼苗下塘前 4～5 天进行。进水时，进水口用密网过
滤，进水深度为 30～40 厘米，之后逐渐加深池水。注意池水盐度应与
孵化池相同。

（3）鱼苗放养。初孵仔鱼第四至第五天，鱼苗平游并能主动摄食
时才可下塘。放苗时，应根据当时的水温和饵料生物的自然繁殖规律
而定，要选定在饵料大量繁殖期间放苗。鱼苗下塘应带水操作，每亩
放养量以 8 万～10 万尾为宜。

用药物清塘的池水,放苗前应先进行"试水",若观察正常后可放苗。同时,检查池中饵料生物的种类和数量是否适合鱼苗的需要。

鱼苗下塘时应注意池内水温、盐度要与育苗池的较接近,一般水温相差不超过 2~3℃,盐度相差不超过 2‰~3‰。宜选在晴天上午8:00~9:00放苗。雨天或天气突然变化、降温时不宜放苗。放苗时,要轻轻搅动池水,使鱼苗尽快扩散,防止鱼苗集中在一起、被风吹到岸边。由于鱼苗细嫩,操作时要特别小心。

(4)饲养管理。

① 追肥和投饵。早期和中期以施肥与泼豆浆相结合,培养活饵料供鱼苗摄食。之后根据池水的肥瘦程度、池内饵料生物种类和数量情况进行追肥,以有机肥为主,每4~5天每亩追肥约100千克。肉食性鱼类后期投喂鱼、虾、贝肉或配合饲料。

② 调节水质。鱼苗在饲养过程中,应根据鱼苗的成长和水质肥瘦程度,逐渐适当加注新鲜海水。初期池内保持较低的水位,水浅,故池内水温易升高,水质易变肥。中期由于施肥和投饵料,水质变肥较快,池水应逐渐加深,每3~5天加新鲜海水,使水位升高20厘米。

一般在池中约经1~2个月培育,鱼苗可长成全长3厘米左右,此时可出苗至海区进行网箱养殖或分塘继续养殖。

(二)鱼种培育

在浙江省海水鱼类大多为海水网箱养殖,一般工厂化水泥池育苗到全长3厘米左右时,就可以出苗运输至海水网箱继续培育。海水网箱培育鱼种的常规方法如下:

1. 网箱规格和位置

通常用传统的木板筏架式网箱进行养殖,网箱规格为 3.5 米×3.5 米×3.5 米或更小。培育鱼苗的网箱位于水流较小的鱼排中间位置。

2. 培育密度

培育开始时每个网箱鱼苗培育密度控制在 1 万~2 万尾,随着苗种逐渐长大,应逐渐分养。

3. 日常管理

需经常更换网衣,以保持网衣干净。

4. 饲料投喂

一般投鱼肉糜等饲料,每天投 2 次,早晚各 1 次。鱼肉糜采用定点撒投的方式投喂。

五、

鲈鱼养殖

鲈鱼 *Lateolabrax japonicus*（Cuvier et Valenciennes）（见彩色插页），隶属于鲈形目、鮨科、鲈鱼属，又名七星鲈、鲈板、白鲈、青鲈、牙鲈、寨花、花寨和青寨等，是我国重要的经济鱼类之一，分布于中国、朝鲜和日本沿海等咸淡水水域。鲈鱼属浅海近岸中下层经济鱼类，其适温广，是我国北方可在养殖海区直接越冬的少数经济鱼类之一。其适盐性强，可栖息于咸淡水水域，甚至溯水至淡水中生活，是浅海网箱、池养、港养以及淡水养殖的良好对象。其肉质坚实，细嫩洁白，味道清香鲜美，肌肉含粗蛋白 19%、粗脂肪 2.5%，营养价值很高，深受人们喜爱。

鲈鱼容易驯化，在网箱和池塘中养殖对饲料要求低，可用配合饲料投喂。它对水温、盐度适应范围广，既能在淡水中养殖，又能在海水中养殖，是一种易于推广养殖的优良品种。

（一）生物学特性

1. 形态特征

鲈鱼体长而侧扁，近纺锤形，背部微隆起，头中大，吻较尖，口大，端位，口裂略斜。下颌长于上颌，上下颌具细齿，呈带状。鳃孔较大，大于 1/2 头高。前盖骨后缘具细锯齿，后下角具 3 枚大齿轮，鳃盖骨后缘具 1 枚。鳃耙较扁长，排列较稀疏。体披小栉鳞，头的额部、吻部、颊部均披鳞。侧线完全，侧线鳞通常为 70～80 枚。背鳍 2 个，基部相连。背鳍、腹鳍及臀鳍均有发达的鳍棘。第一背鳍硬棘为 12 条，第二背鳍硬棘常为 1 条，硬棘后连 12～13 枚鳍条。臀鳍第一鳍棘短小，第二鳍棘强大，第三鳍棘后连 7～8 枚鳍条。胸鳍较短，位较低。

腹鳍位于胸鳍基下方。尾鳍呈浅叉形。

幼鱼背部呈灰白色,两侧与腹部为银白色。侧上部、背部和背鳍鳍膜上有黑色斑点,斑点的形状、位置、数量不规则,斑点分布延伸到侧线以下。随着个体长大,背部渐成灰黑色,并渐向两侧延展,黑色斑点逐渐不显著。背鳍鳍条部和尾鳍边缘为黑色。

2. 生活习性

鲈鱼是我国常见的经济鱼类,终年栖息于近海水域,不作远距离洄游。春、夏季节成群溯河而游至淡水中索饵,常随水流混入池塘。鲈鱼的幼鱼和成鱼一般分群活动。亲鱼常于12月至翌年2月在河口沿岸岩礁间产卵。体长1.5厘米以下的鱼苗浮游于近海表层,到2厘米左右时游到沿岸带或河口,到5厘米时开始溯河索饵。1龄幼鱼在秋季多栖息于河口及沿岸浅水处,2龄以下的鲈鱼常群游于淡水中。

鲈鱼属于广温、广盐、浅海内湾型鱼类,喜栖息于河口咸淡水水域。冬季栖息于水深10~14米处,春季栖息于8~9米处,夏末秋初活跃于河口附近。其耐盐范围广,可以生活在盐度为3‰的海水中,也可以溯河而游至半咸水和淡水处。在水深20米以上、盐度高达34‰的海域,也可捕到鲈鱼。鲈鱼较耐低温,其适温范围为3~34.5℃,快速生长期为17~28℃,3℃以下停止摄食和生长。冬季在表层水温-1℃的条件下,鲈鱼可以存活;夏季在38℃的河口浅滩区,鲈鱼亦可被发现。鲈鱼在离开水面短时间内即死亡,同时对有害物质及农药等抵抗力极差。

3. 食性

鲈鱼是肉食性凶猛鱼类,好掠捕食物,即使在表层海水结冰或自身处于性成熟期,也很少空胃。鲈鱼的摄食对象在不同的海域或不同的生长阶段,优势种并不相同。据李军(1994)研究报道,在黄海、渤海生长的鲈鱼,胃含物主要有黄鲫、鳀鱼、梅童鱼、小黄鱼、鲚鱼、白姑鱼、青鳞鱼和鰕虎鱼,以及虾蛄、对虾、鹰爪虾、脊腹褐虾、日本毛虾和日本鼓虾等,另外还有头足类中的金乌贼、枪乌贼,有时也摄食沙蚕等底栖动物。鲈鱼贪食,食量较大,一次摄食量可达体重的5%~12%,其食饵种类随着个体生长逐渐由虾类向鱼类转变。在河口生活的鱼苗以浮游动物为食,体长2~3厘米的鲈鱼苗以捕食桡足类和糠虾为主,体长3~6厘米的鱼苗可以捕食小鱼、小虾。捕食强度因不同季节而有所差异,春、夏季捕食强烈。在人工养殖的条件下,能捕食适口的冰鲜小杂鱼块。

4. 繁殖习性

鲈鱼为雌雄异体鱼类,但个别也有雌雄同体的。一般雌鱼3龄、雄鱼2龄时可性成熟,4龄时全部性成熟。在不同的海区,产卵期也不同,渤海和黄海北部为9~11月,黄海中部为10~11月,长江及浙江沿海为11月至翌年1月。在同一海区的不同年份里,由于海水温度的差异,产卵期也略有差异。鲈鱼的繁殖水域分布范围甚广,沿海10米等深线及其以内的近河口的海水、淡水交汇处水域都有鲈鱼产卵场分布。在人工养殖的条件下,到了生殖季节,鲈鱼成群游向岸边,在岩礁处产卵。一般情况下,鲈鱼产卵水温为14~16℃,南方产卵水温偏高,为18~21℃。鲈鱼产卵盐度较广,不仅可在盐度为18‰~19‰的河口半咸水水域产卵,也可在盐度为31‰~33‰的高盐海区产卵繁殖。鲈鱼绝对怀卵量为5万~230万粒,平均为70万~80万粒。鲈鱼为分批产卵类型,每个产卵季节可产卵3或4次,每次产卵15万~25万粒。卵浮性,呈橘红色,半透明,卵径1.22~1.44毫米,有1~3个油球,油球径0.34~0.78毫米。在水温15℃时,受精卵经4天孵化出鱼苗。

5. 年龄与生长

鲈鱼的寿命比较长,黄海、渤海海区曾捕到14龄的鲈鱼,故其自然寿命应该在14龄以上。

鲈鱼是生长速度比较快的鱼。该鱼在不同年龄阶段的生长速度不同。在鲈鱼的生命周期中,体长的生长以前3年最快,平均每年增长10厘米以上,4~6龄鱼生长速度开始降低,7龄以上鲈鱼生长速度显著减慢。鲈鱼在天然水域中生长很快,1龄鱼体长可达25厘米,体重250克;2龄鱼体长达40厘米,体重850克;3龄鱼体长达50厘米,体重 1.5 千克；4～8 龄鱼每年体长增加 4～6 厘米、体重增加 400～800 克。最大的个体体长达 1 米,体重 15～20 千克。

鲈鱼在不同水域环境中的生长速度不同。孙帼英(1994)的资料表明,长江口区的鲈鱼 5 龄前比黄海、渤海区的生长速度慢,5 龄后比黄海、渤海区的生长速度快,其生长拐点为 4.7 龄。

鲈鱼在不同地区、不同生长阶段和不同季节的丰满度也不一样。长江口区的鲈鱼比黄海、渤海区鲈鱼的丰满度大,低年龄鲈鱼的丰满度比高年龄的大,秋季鲈鱼的丰满度比春季的大。

鲈鱼的生长与水温密切相关,当水温低于 3℃时,鲈鱼基本不生长;当水温为 22～27℃时,鲈鱼进入快速生长期。

(二) 养殖技术

1. 网箱养殖

鲈鱼网箱养殖多为单鱼种养殖,一般情况下混养少量黑鲷。

(1) 养殖海区的选择。选择潮流畅通、风浪较小的沿海内湾海区,要有一定的深度,使网箱底部与海底保持 1～2 米以上的距离,在潮差较大的海区更应注意这一点。养殖海区最好是泥沙底质,并选择不受工厂、城市污水及其他污染源影响的水域。养殖海区要求有足够长的适温期(鲈鱼适温范围为 15～32℃,最适水温范围为 17～28℃),冬季最低水温不应低于 0.5℃。养殖区应水流畅通,流速适中,水质清新,无污染源;饲料来源方便,最好附近有张网作业和冷库,以使鲜活和冷冻杂鱼较易获得;交通便捷,通讯发达。鲈鱼适应于混水区生活,耐低氧能力强,养殖海域较广泛。

(2) 网箱的选择。网箱规格为(3.0～5.0)米×(3.0～5.0)米×(3.0～5.0)米,网目大小和网线规格应根据鱼的规格而定。随着鱼的生长,网目应增大,网线也应加粗,以不逃鱼为原则。一般在鱼苗阶段,可采用网目为 0.5～1.0 厘米的暂养箱;体长 6～8 厘米时,换用网目为 3 厘米的网箱;体重 500 克时,换用网目为 5 厘米的网箱。

网箱的设置方式有固定式、浮动式和沉下式,生产上多使用传统浮动式网箱和深水网箱。传统浮动式网箱一般由 25～40 个网箱连接成鱼排,上设小木屋,作为看守、管理网箱的操作室。鱼排用木桩或锚固定于海区,排间距 5 米以上。网箱一般要面向潮流的方向,以保障网箱内外水流交换良好。网箱上部固定于排架上,底部四角用沙袋作沉子固定。

(3)鱼种放养。鱼种入箱前要进行浸浴消毒。放养密度依据鱼种规格、出箱规格、养殖条件等而定,一般体长 3 厘米左右的鱼苗,放养密度约为 500 尾/米³;体长 10 厘米左右时进行分箱,分箱后的养殖密度约为 200 尾/米³;体长 20 厘米左右的大规格鱼种按鱼体重放养,放养密度约为 100 尾/米³。对越冬后的大规格鱼种按鱼体重放养,放养密度为 5～10 千克/米³。

(4)饲料投喂。鲈鱼的饲料主要有三种类型:一是鲜饵料。以新鲜和冷冻的小杂鱼为主,搭配部分小虾、扇贝等,目前国内一般以鲜饵料为主。二是混合湿饵料。一般在鲜饵料缺乏时,常将鲜饵料与粉状饵料、添加剂混合,通过饲料机制成不同粒径的湿性颗粒进行投喂。此时,饵料对鱼的摄食和生长,特别是在减轻水体污染方面具有十分明显的效果。三是人工配合饲料。要求蛋白质含量达 45％以上,并要求含有一定量的脂肪及多种维生素、矿物质添加剂等。鲈鱼人工配合饲料的研究,目前国内还很少,鲈鱼人工配合饲料多采用真鲷、牙鲆等海水鱼类配方。

饲料投喂量依据鱼的大小、摄食情况、水温、天气等灵活掌握。一般在鱼苗期间日投饵量为鱼体重的 15％～30％,每天投饵 3～4 次;在鱼种期间,日投饵量为鱼体重的 3％～10％,每天投饵 2～3 次;1 龄鱼每天投喂量为体重的 1％～10％。

(5)日常管理。网箱置于海水中日夜受波浪、潮流的冲击以及敌害生物的破坏,网衣和框架可能受到损坏,加之生物不断附着,影响网箱水流畅通,因此必须定期检查网衣破损情况、框架松动情况,清除附着的生物。同时,检查鱼的摄食、活动及生长情况,一般每 15～20 天测定 1 次鱼的体长和体重,推算出投饵量和生长速度。随着鱼的生长,要适时换箱,一般每隔 20～30 天换箱 1 次。另外,每天记录水温、投饵量、死鱼数及天气情况,以便总结经验。

结合换箱,可对鱼体进行药浴消毒或定期投喂药饵,以利于防病。对鲈鱼病害应以防为主。首先要保持养殖海区水质清洁、无污染、水流畅通。有条件的地方应3~5年转移一次养殖场所,以更新水环境。其次要适量投饵,避免残饵太多,应推广使用配合饲料。死鱼、药浴水不要乱丢乱倒,避免重复感染。在鱼苗入箱前和每次更换网箱时,要对鱼进行药浴或用淡水浸泡1次,能起到一定的防病作用。在养殖期间,特别是高温期间,最好能定期对鱼进行体表消毒,定期投喂抗生素药饵,以增强鲈鱼抗病能力。

2. 池塘养殖

(1)池塘的选择及清整。成鱼池塘面积一般为5~15亩,水深1.5~2米,池形为长方形,池底为泥沙底质,向排水口端倾斜,便于排水。

每年收鱼后,利用空池时间清除池底过多的淤泥,进水浸泡冲洗,再日晒。第二年春天鱼种放养前,再用生石灰或漂白粉对池塘进行彻底消毒。

(2)鱼种放养。春天当水温稳定在15℃时,可以放养鱼种,放养时间宜早不宜迟,否则会影响养殖产量。鱼种应选在晴天下午或傍晚放养,放养前用高锰酸钾等进行药浴消毒。放养密度应根据池塘水质、水深、换水条件、鱼种规格、出池规格等条件灵活掌握,一般每公顷放养规格为100~300克/尾的鱼种7500~12000尾,或50克/尾左右的鱼种12000~15000尾。鱼种规格要求一致,游动活泼,溯水能力强,背部肌肉丰润,体表光滑,无掉鳞现象,鳍条无损伤。为了充分利用水体和清除沉积于池底的残饵,可以在鲈鱼养殖池中混养少量的梭鱼、鲻鱼或黄鳍鲷。为防止被鲈鱼捕食,梭鱼、鲻鱼或黄鳍鲷应投放个体大于鲈鱼的鱼种。

(3)饵料投喂。饵料以冷冻的小杂鱼虾为主,同时也必须投喂部分人工配合饲料,这样比投喂单一饲料的成活率高,生长速度更快。日投喂量为鱼体重的8%~20%,要根据鱼的吃食情况、天气情况、水质变化情况随时进行适当的调整,做到多食多投、少食少投、不食不投。较小规格的鱼种每日投喂3~4次,较大规格的鱼每日投喂2~3次,以早晚2次投饵为主,一般在日出前和日落前投喂。

在鱼种入池后1周时间内,由于改变了原来的生活环境,对新环境尚不能马上适应,鱼种表现为不集群摄食,所以要进行人工驯食。在选定的投饵区每日定点、定时少量投饵,投饵前选某种声响作为信号刺激,每日坚持,大约经过1周时间,即可形成明显的定点、定时摄食的习惯。

平时要密切观察鱼的摄食情况。在正常情况下,投饵前只要发出音响信号,鱼就很快向投饵区聚集。投饵后出现明显的抢食现象,吃饱的鱼慢慢游开。若投饵时鱼反应迟钝,抢食不激烈,表明鱼的食欲不高,可能是水质不好、溶氧量不足、饵料霉变、鱼病或天气变化等因素导致的,应及时分析原因,采取相应对策。另外,还应注意观察鱼在摄食后有无吐食现象,并检查残饵量。若鱼在摄食后吐食且残饵较多,说明饵料质量存在严重问题,应及时调整。

(4)水质管理。水质改善主要靠添水、换水和使用增氧机增氧来进行。在条件许可的情况下,每日换水10%～30%,养殖后期可达到30%～50%。在高产精养池,必须配备增氧机,在每个晴天中午坚持开机,使溶氧量保持在5毫克/升以上。

(5)日常管理。每日早、中、晚坚持巡塘,一是观察鱼的摄食、活动情况。正常情况下鲈鱼在池塘中下层活动,在水面很少看到鱼活动。如果发现鱼在水的中上层无力游动,则很可能发病或缺氧。如果残饵过多,则表明饵料或水质有问题。二是观测水温、盐度、pH、透明度、溶解氧等指标,注意水质的变化情况。一般正常的水色为黄绿色或黄褐色,透明度为25～40厘米。如果池水为深褐色、黑色、酱油色,则均为不正常水色,应及时换水。三是观察天气情况。晴天池水溶氧量较高,而在阴雨天、闷热天气、雷阵雨等情况下,池水溶氧量较低,应根据不同天气的变化情况及时采取预防措施。

3. 常见疾病的防治

研究表明,能够诱发鲈鱼疾病的因素是多方面的,鱼病是各种复杂因素相互作用的结果。防治鱼病应综合发挥有利于鱼类健康的因素,避免和消除有害因素。实践证明,鱼病一旦发生,完全靠药物治疗

是难以奏效的。因此,在鱼病防治方面,应始终贯彻"全面预防、积极治疗、无病先防、有病早治"的方针。其常见疾病如下:

(1)肠炎病。病鱼腹部膨大,肛门红肿,挤压腹部有淡黄色的黏液流出。该病主要是投喂不新鲜、变质的饲料引起的。治疗上可用土霉素等拌饵投喂,每千克鱼体重用药0.1~0.2克,连续拌饵投喂5天为一个疗程;也可用每千克鱼体重0.1克诺氟沙星或复方新诺明等拌饵投喂,效果更佳。

(2)皮肤溃烂病。该病表现为鳞片脱落部位皮肤充血、红肿,进而溃烂,胸鳍、背鳍或尾鳍基部红肿并充血,严重者体表溃烂,甚至烂入肌肉,病鱼食欲不振、散游。该病多发生在鱼苗捕捞、运输后10天左右和高温季节。在苗种捕捞、搬运过程中,采用质地柔软的网具,操作要谨慎,尽可能减少机械损伤。苗种放养前可用浓度为10毫克/升的高锰酸钾溶液,药浴10分钟。此病还可用浓度为20毫克/升的盐酸土霉素溶液,药浴30分钟,连续2天。

(3)刺激隐核虫病。刺激隐核虫主要寄生于海水鱼的皮肤、鳃、鳍等处,也寄生于眼角膜和口腔等体表外露处。数量多时,肉眼可见鱼体布满小白点,故俗称"白点病"。感染后病鱼食欲不振,甚至不摄食。鱼消瘦,反应迟钝,体色变黑,或集群绕池狂游,鱼体不断和其他物体或池壁摩擦,时而跳出水面。由于寄生虫大量寄生在鳃组织等部位,从而使鳃组织受到破坏,失去正常功能,引起病鱼窒息死亡。预防措施:① 放养密度不宜太大,定期消毒鱼体,防止虫体繁殖。② 经常检查,若发现病鱼应及时隔离、治疗,防止进一步传播。③ 死鱼不能乱丢,以免扩散,切忌将死鱼丢到海区中污染水域。④ 鱼池要彻底消毒,网箱要勤洗,以免附着的孢囊孵出幼虫重新感染。

(4)淀粉卵甲藻病。淀粉卵甲藻多寄生在体表或鳃上,能刺激表皮细胞分泌大量黏液,形成天鹅绒似的白斑。病鱼鳃呈灰白色,贫血,厌食,体色变黑,消瘦。病鱼在水中窜游,以身体摩擦网片,可继发感染细菌性疾病,从而加速死亡。该病在水温25℃左右时最易发,在鱼苗阶段也易发。防治措施:①用浓度为10~15毫克/升的硫酸铜溶液药浴10~15分钟,连续4天。②用浓度为10毫克/升的硫酸铜、硫酸亚铁合剂($m_{硫酸铜}$：$m_{硫酸亚铁}$＝5：2)药浴 10～15 分钟,连续 4 天。

（三）活鱼运输

鲈鱼活鱼的运输方式有三种：船运、车运和空运。

1. 船运

船运多采用活水舱运输,即利用水泵抽取自然海水,进行流水式运输。其优点是操作方便,运输量大,运输时间可长可短,成活率高。其缺点是若碰上海水污染海区,海水水源就得不到保证,但目前仍是出口鲈鱼唯一的运输方法。

2. 车运

车运大多采用厢式货车。简易的内置玻璃钢桶设有充气设备,但没有温控设备和水循环过滤装置。先进的活水运输车设施较齐全,成活率也较高。车运是陆运鲈鱼的主要方法。在不影响成活率的前提下,运输密度越高,每尾鱼的运输成本越低,但每次运输的密度应根据路途远近、气候条件、个体大小、鱼体质量等具体情况而定。据试验,设施齐全的活水运输车在水温 4～5℃ 的条件下,每立方米水体装运 100 千克,历时 20 小时,成活率可达 99%；历时 30 小时,成活率仍能达 99%；历时 40 小时,成活率可达 98%。每立方米水体装运 120 千克,历时 20 小时,成活率为 97%；历时 30 小时,成活率为 95%；历时 40 小时,成活率为 90%。

3. 空运

空运采用氧气包再装箱的方法,费用较高。鲈鱼苗种运输常采用空运的方法。

六、
美国红鱼养殖

美国红鱼（见彩色插页），学名眼斑拟石首鱼 *Sciaenops ocellatus*，隶属于鲈形目、石首鱼科、拟石首鱼属，其俗名主要有拟红石首鱼、红鼓鱼、红鱼、斑尾鲈、海峡鲈、黑斑红鲈、大西洋红鲈等，一般都叫美国红鱼。美国红鱼原产于墨西哥湾大西洋沿岸，主要分布于墨西哥海湾、美国南大西洋沿岸至东北部的马萨诸塞州，尤以墨西哥湾和美国南部沿海地区居多，是美国近几年重要的商业养殖鱼类。该鱼肉质细嫩，味道鲜美可口，适合清蒸和烧烤，深受消费者青睐。美国红鱼为暖水性、广盐、广温、溯河性鱼类，生长速度快，耐低氧，抗病力强，养殖成活率高，适合高密度养殖。1987 年，我国台湾省开始引进此鱼；1991 年，我国国家海洋局第一海洋研究所引进该鱼，开展人工养殖和繁殖工作，并获得成功，现已推广到海南、广东、广西、福建、浙江、江苏、山东、河北及辽宁等沿海地区养殖，成为我国引进海水养殖中一个重要的优良品种。目前美国红鱼已在我国南方和北方部分地区大面积养殖，主要有网箱养殖、工厂化养殖和池塘养殖 3 种养殖方式。养殖生产证明，其表现性状良好，具有广阔的推广前景和市场潜力。尤其是近几年随着海水网箱养殖业的兴起，为发展美国红鱼养殖奠定了良好的基础，并取得了良好的经济效益和社会效益。

（一）生物学特性

1. 形态特征

美国红鱼体呈纺锤形，侧扁，与鳇鱼、大黄鱼、黄姑鱼等体型相似。背部微隆，以背鳍起点处最高。口端位，由上下颌组成，口裂较大。牙齿较小，排列紧密，较尖锐。眼上侧位，后缘与口裂末端平齐，中等大小,位于头的两侧,没有眼睑,不能闭合,也不能有较大的转动,看不见较远的物体。鼻位于眼的上方,左右各有1个鼻腔,中间有膜间隔,分为前后2对鼻孔,后者不与口腔相通,故鼻孔只有嗅觉作用,没有呼吸作用。前鳃盖后缘锯齿状,后鳃盖后缘有2个尖锐的突起。背鳍硬棘为9～10条,鳍条为21～23枚;胸鳍鳍条为12枚;腹鳍鳍条为1～5枚;臀鳍鳍条为8枚;尾鳍鳍条为17枚,属正尾型,仔鱼、稚鱼为圆形,幼鱼为截形,成鱼为凹形。鳞为栉鳞,呈覆瓦状排列,每个鳞片分为上下两层,下层柔软,由交错的纤维结缔组织组成,使鳞片柔软而便于活动;上层脆薄,由骨质组成,使鳞片坚固。在不覆盖鳞片的后部边缘密生有细齿。侧线是重要的感觉器官,该鱼身体两侧各有一条侧线,而且侧线明显,侧线鳞为46～51枚,侧线上鳞为6枚,侧线下鳞为8枚。背部呈浅黑色,鳞片有银色光泽。腹部中部呈白色,两侧呈粉红色。尾鳍呈黑色,尾基部侧线上方有一黑色圆斑。腹部中部两侧的粉红色是美国红鱼名称的由来,尾基部的黑色圆斑是美国红鱼外形最明显的特征。可能由于杂交的原因,有些个体在体侧后上方有2～5个大小不等、近似圆形的黑色圆斑。全长为体高的2.65～2.70倍,体长为体高的2.0～2.1倍,尾柄长为尾柄高的1.8～1.9倍。

2. 生活习性

美国红鱼为溯河性鱼类,适温、适盐范围广。美国红鱼游泳迅速,喜集群,具有明显的洄游习性,大个体于早秋从深海游向浅海或在河口进行繁殖,之后便在浅海索饵,直至12月或翌年1月,随着水温的下降逐渐转移到深海水域。国内近几年由于台风、管理等原因,部分鱼苗和成鱼逃离养殖区,在沿海一带繁殖较快。目前,我国南北沿海地区均有分布。

美国红鱼在自然水域中的生存温度为2～33℃,生长适宜温度为20～30℃,最适温度为25～30℃,繁殖最佳温度为25℃左右。仔鱼、稚鱼生长发育的适温为22～30℃。当水温降至20℃以下时,美国红鱼生长变缓,降至10℃以下时基本停止摄食。不同规格的美国红鱼对低温的忍耐力不同,体长10毫米的美国红鱼苗在盐度为3‰时,致死温度为7℃,而100克以上的鱼,能短时间耐受4℃的低温。越冬期间的水温一般不低于 10℃，以 12～15℃ 为宜。关于美国红鱼耐受高温的上限，尚无明确报道，但短时间 34℃ 的水温对其不会构成危害。

美国红鱼对盐度的适应范围较广，成鱼可在盐度 5‰～45‰ 的水体中生存，即在淡水、半咸水、海水中都能生存，但在海水中的生长速度明显高于在淡水中的生长速度。美国红鱼生长的适宜盐度为 20‰～35‰，受精卵孵化的最适盐度为 28‰～35‰。低盐度的海水对受精卵的孵化不利，当盐度低于 25‰ 时，受精卵易沉淀堆积，孵化率下降。

养殖用水适宜的 pH 为 7.5～8.5。溶氧量要求大于 3 毫克/升，最适为 5.0 毫克/升以上，当小于 2.2 毫克/升时会引起浮头，幼鱼的窒息点为 0.38～0.79 毫克/升。美国红鱼生长所需要的钙主要是靠周围水体中钙离子（Ca^{2+}）的渗透，而不是依靠食物，故其对生长水域的 Ca^{2+} 浓度和 Cl^- 浓度有一定的要求，Ca^{2+} 浓度要大于 100 毫克/升，Cl^- 浓度要大于 150 毫克/升。

3. 食性

美国红鱼是以肉食性为主的杂食性鱼类，食物种类较多。在自然水域里，仔鱼阶段主要以桡足类等小型甲壳类的无节幼体和轮虫等为食物，稚鱼阶段主要捕食桡足类以及虾、头足类、小型鱼类等。在人工饲养条件下，也喜欢摄食人工配合饲料。美国红鱼食量较大，消化速度快，有时一尾鱼一天最大摄食量可达体重的 40%。在人工饲养条件下，美国红鱼幼鱼有连续摄食的习性，刚投喂不久再次投喂时仍然拼命抢食。幼鱼体长小于 3 厘米时，当饲料不足时互相残杀现象严重，随着个体的生长该现象有所降低。

4. 繁殖习性

美国红鱼雄鱼 4 龄即达性成熟，雌鱼 5 龄以上性成熟，人工养殖时可提前 1 年性成熟。在原产地，美国红鱼繁殖期为夏末至秋季，盛期为 9～10 月，属短日照型鱼类。在繁殖季节，成熟的亲鱼聚集于近岸浅水水域繁殖，此时繁殖场水温大于 20℃，盐度为 26‰～30‰。美国红鱼每年只繁殖 1 次，它分批产卵，故卵发育不同步，分批成熟，产卵时间主要为晚上 9:00 至凌晨 3:00～4:00。产卵时,雌鱼、雄鱼有追逐现象,雄鱼侧线上方变黑,并时常发出"咕咕"声;雌鱼腹部柔软、膨大并发红。雌鱼怀卵量一般为 5 万～200 万粒,多者达 300 万粒以上。卵为浮性卵,透明,端黄卵,非黏性,卵径 0.5～1 毫米,具有一个或几个金黄色油球。在 25℃水温条件下,24 小时后仔鱼全部孵出,孵出的仔鱼第 3 天便开始从外界摄取食物。

5. 生长

美国红鱼的生长速度非常快,在原产地美国得克萨斯州,当年个体重可达 500～1000 克,最大个体重可达 3000 克。在我国北方,养殖 1 周年体重可达 500 克;在南方生长速度更快,在福建沿海养殖 1 周年,平均体重能达 900 克,最大个体重达 2200 克,并随着个体的增重越长越快。在台湾省养殖 1 年,体重可达 1 千克,2 年可达 2 千克,3 年达 4.5 千克。美国红鱼在 10℃ 以下停止生长,在 20℃以上生长快,日增重达 3.4 克以上。

(二) 养殖技术

1. 网箱养殖

美国红鱼具有苗种易解决、生长速度快、生命力强和食性杂等优点,很适合海水网箱养殖。它不但适合常规小网箱养殖,而且也非常适合深水大网箱养殖。在我国浙江以南沿海地区,主要采用网箱养殖。现将美国红鱼的网箱养殖技术介绍如下:

(1)海区选择。网箱养殖海区的选择,既要最大限度地满足美国红鱼对环境条件的要求,又要符合网箱养殖方式的特殊要求,应选择背风向阳、潮流畅通、风浪较小的沿海内湾海区。海区要有一定深度,最好 7～10 米,最低潮时不小于 5 米,保证最低潮时箱底距海底1.5 米以上。底质最好为泥沙或沙泥底。海区要求水流畅通,流速适中,流速在 1 米/秒以内,避免回旋流;水质清新,无污染源;饲料来源方便,最好附近有张网作业和冷库,以较易获得鲜活、冷冻杂鱼;交通便捷,通讯发达。美国红鱼适合在混水区生活,耐低氧能力强,养殖海域较为广泛。

（2）网箱结构和规格。目前养殖美国红鱼的网箱均为浮动式，南方多采用改进型组合式浮动网箱，常用的网箱规格有 3 米×3 米×3 米、3 米×6 米×3 米、3 米×6 米×4 米、4 米×6 米×3 米、5 米×5 米×3 米等。

网箱网目的大小可根据 2 倍鱼体高小于周长的原则，以两个单脚的网目长小于鱼体高为依据选择网目，最好以破一目而不逃鱼为度。随着鱼体的长大，网目应做相应的调整，以保证良好的水交换能力，具体见表 6-1。

表 6-1　苗种放养规格、密度和网箱规格

苗种体长（厘米）	放养密度（尾/米³）	网箱规格	网目（目长）（厘米）
3.0～5.0	500～1000	3 米×3 米×3 米，无结节	0.5～0.8
5.0～10	100～200	3 米×3 米×3 米，无结节	0.5～1.5
10～15	60～100	3 米×3 米×3 米，无结节	1.0～2.0
15～20	40～80	3 米×3 米×3 米，无结节	1.5～2.0
20 以上	20～30	3 米×3 米×3 米，无或有结节	2.5～5.0

（3）鱼种放养规格和密度。美国红鱼养殖的放养密度比较重要，若放养密度过高，则抑制鱼的生长；若放养密度过稀，摄食无竞争，则也会影响生长。

网箱养殖美国红鱼包括两个阶段：一是利用海上网箱进行中间培育；二是养成。鱼苗中间培育的放养规格为体长 2.5 厘米左右，在水温为 23～28℃的条件下，大约经过 30～40 天可长到 6 厘米左右，放养密度为 500～1000 尾/米³，最大放养密度为 1500 尾/米³。当鱼苗长至 10～12 厘米时，可以移入养成网箱中养成。应选择活力壮、无病无伤、规格一致的健康鱼种进行放养。放养前进行鱼体消毒。放养密度为 60～100 尾/米³。随着鱼体的生长，应不断分箱，降低放养密度。当体长增长到 20 厘米时，放养密度应降至 20～40 尾/米³。养成阶段一般每隔 1～2 个月筛选分级 1 次，筛选分级前一天投喂量适当减少。放养密度

还应根据水质条件、管理水平、饵料来源、市场要求等做出调整。

（4）饵料投喂。美国红鱼是以肉食为主的杂食性鱼类，摄食旺盛，饲料转换率高，生长快速。前期个体幼小时相互残杀严重，喜食运动中的食物，因此每次投喂量要少，促使美国红鱼聚群抢食，投喂节律为慢、快、慢。若抢食不强烈，则停止投喂。在清水区鱼苗前期阶段，可采用手指弹拨的方式，后期采用撒投方式；在混水区及大网箱中，采用悬挂饵料盘的方式较好。在高温季节，定期添加大蒜素、中草药、维生素 C、多糖等抗菌药物和免疫增强剂，以提高抗病力。前期日投喂3～5 次，中后期每天早晚各投喂 1 次。

目前国内普遍采用投喂鲜、冻小杂鱼虾，如小带鱼、玉筋鱼、青鳞鱼、乌贼、贻贝等，日投喂量为 3％～5％。投饵量根据鱼体活动情况、鱼体大小、水温及季节等确定，一般以八成饱为宜。

国外养殖美国红鱼通常采用人工配合饲料，国内也逐渐开始使用。投喂颗粒饲料的大小，以不大于鱼的口径为宜，而且随着鱼的生长，投喂饲料的颗粒应逐渐增大，而蛋白质需要量逐渐下降。实际日投饵量可根据上次投饵后的摄食情况酌情增减，并结合天气、水温、水色、鱼的活动等情况综合而定。

（5）筛选分级。美国红鱼在养殖过程中常会出现大小分化的情况，筛选分级是美国红鱼网箱养殖的关键技术之一。从鱼苗培育到成鱼养殖，要一直不间断地进行筛选分养，直到筛选出已达到商品规格的成鱼为止。在鱼苗阶段，每隔 10～15 天筛选 1 次；当鱼体长达 15 厘米以上后，一般每隔 1 月筛选 1 次。通过筛选分级，使每一箱个体规格基本相同的鱼能均匀快速地生长。而历经 1 个月的养殖，总有一小部分体质弱、摄食差的鱼生长相对延缓，若再与其他鱼一起养殖，势必造成规格的差异进一步扩大，因此需要继续分箱。虽然筛选分箱会造成美国红鱼受惊、数日内减少摄食，但总体上还是促进了鱼体更快地生长。

深水大网箱的筛选分级不像常规网箱那样容易，一般结合换网检查进行，可用吸鱼泵与分级机进行自动操作，一般不会擦伤鱼体，且效率很高。实践发现，大型网箱中美国红鱼的生长速度快于小型网箱。

筛选分级出来的中、小规格的美国红鱼,若养于大型网箱或受潮流冲击较大的网箱,可促进其生长。

(6)换网。随着鱼体的增大,要及时加大网箱的网目。美国红鱼喜欢顶流活动,抗风浪能力强,在饵料充足、流水畅通的环境中能快速地生长。一般体长12厘米的鱼种,养殖网箱的网目为2厘米;体长20厘米以上的鱼种,养殖网箱的网目为2.5厘米;体重250克的红鱼,养殖网箱的网目为4～5厘米。最好用单层网衣的网箱。深水大网箱换网操作较复杂,在放养美国红鱼时,应尽可能放养规格大、个体整齐的鱼种。

(7)日常管理。经常检查网衣及浮架是否破损,大风浪季节需全面检查。若发现严重污损及隐患,要及时处理,以防逃鱼。

投喂时注意观察鱼群的活动与摄食情况。若发现异常,要找出原因,及早处理,切忌拖延,以免造成不必要的损失。

提高防病意识,加强科学管理。防止带入病原,及时捞除死鱼。病鱼应隔离饲养并及早治疗,防止重复感染。同时,避免滥用药物。投喂新鲜、优质饵料,注意营养平衡。适量投喂,减少残饵。

清洗网箱附着物。网箱下海后数天,可能有藻类、海绵、海蛸及海泥等污物附着在网箱上,要及时清除,可用手洗刷,也可用喷水龙头冲刷。若污物太多,来不及清除或清除不久又附着时,只好更换网箱。清洗换网时要尽量避免惊扰鱼群。

经常更换网衣,调整网目,防止网眼堵塞,确保水体交换良好。应具体视网衣上附着生物的种类及严重程度而定,一般每月换1次。在海葵、藤壶等大量繁殖季节要增加换网次数,至少半个月1次。网目为2厘米以上的网衣可适当减少换网次数。换网前需检查新网,确保新网无破损。换下的网衣用海水冲洗干净,暴晒1～2天后拍除附着物,整理好收藏待用,保存时要防止被老鼠咬破。

为了保证美国红鱼的体色和鲜美的味道,在高温季节或养殖后期,网箱上最好加盖黑色网,可防止鱼体变黑,使其始终处于良好的生长状态,不易受惊扰,并防止藻类的附着及日夜温差、透明度等剧烈变化。后期投喂新鲜的杂鱼虾,可保持美国红鱼野生的味道。

定期测定鱼的体长、体重,作为调整投喂量的依据。定期检测水质,做好日常工作记录,不断提高养殖技术。

(8)越冬管理。每年 12 月至翌年 2～3 月,水温下降到美国红鱼生存温度的下限范围时,鱼类活动能力减弱,停止摄食或基本停止摄食而进入越冬阶段。当年不能收获上市的美国红鱼或培育的秋季苗种,都需要越冬。

① 越冬海区的选择。应选择在风浪小、最大风力不超过 7 级的海湾进行越冬。水流不能太大,流速以 10～20 厘米/秒为宜。冬季最低水温应在 10℃以上,盐度为 18‰～35‰。海区底质有机质含量应低,不宜在已养过 5 年以上成鱼的海区越冬,因为底部已积累了较厚的残饵和鱼的代谢产物,若遇上较大风浪,海底污物就会泛起,严重时引起鱼类中毒。

② 越冬前的准备。若采用原网箱越冬,应在越冬前将网箱上的附着生物和浮泥彻底清洗干净,以保证越冬期间水流畅通,溶氧量充足。若使用其他网箱越冬,应将网箱上的附着物清理干净,并经浸泡消毒后再使用。越冬鱼放养前,应对网箱、框架、浮子、沉子、缆绳、锚、桩等设施仔细检查一遍,彻底消除事故隐患,避免在越冬期间造成不必要的经济损失。

加强越冬鱼的秋后培育,以使体内积累足够的脂肪,供越冬消耗用,同时也能使鱼体肥壮,提高其抗低温的能力。

③ 越冬管理。越冬应在海水深度为 1～10 米处,因为这一水层的水温比较稳定,越冬期间能保持在 10℃以上。由于海水表层的温度受气温影响较大,故一般使用沉箱越冬,即先将箱口用网片封好,松开浮球系绳,换上直径为 12 毫米的聚乙烯吊绳,缓缓将整个网箱下沉至要求的深度,并使箱底距海底 2 米以上,然后调整吊绳,使箱体自然下垂。

在越冬期间,放养密度宜低不宜高,以减少相互间的摩擦;不搬动网箱,不惊动鱼群;定期检查网箱,防止网破鱼逃;加强管理,防止偷窃。在天气晴好的日子里,可适量投喂质量好的鲜活饵料,并采用迟停食、早开食的方法,以增强美国红鱼体质,提高越冬成活率。停食及开食都要缓慢进行,即逐渐减少或增加日投饵量。越冬结束,要检查鱼体,清点鱼的数量,用淡水或淡水加抗生素浸洗消毒。

当春天海水表层水温回升到10℃后，便可将网箱提起至水面，然后调整至正常位置，将网盖拆除，检查网箱是否松动，网衣是否破损，若发现松动或破损应及时维修。起箱后即进入正常的饲养管理流程。

深水大网箱的越冬管理基本上同上述常规小网箱。浮沉式网箱可在严冬时下沉越冬。

（9）病害防治。美国红鱼的病害总体来看较少，但是近几年由于养殖时间逐步延长，海域环境逐渐恶化，因此在鱼苗暂养期间若遇高温或台风，则鱼病发生较多。

① 寄生虫病。在网箱养殖中，寄生虫病较严重，可造成病鱼伤亡。个别鱼体上会发生红疵，可用手指刮除。

② 病毒性疾病。病毒性疾病主要是淋巴囊肿病，尚无理想的治疗办法，只有采取一些综合预防措施。

③ 细菌性疾病。细菌性疾病主要有弧菌病、链球菌病、厌氧细菌病等。治疗方法可用青霉素浸泡，或用土霉素、大蒜素等拌饲料投喂，每千克体重用药40毫克，一个疗程为5～7天。

（10）活鱼运输和销售。网箱养殖的美国红鱼一般以活鱼形式供应市场。目前，一般用活鱼运输专用车或活水船运输。浙江沿海地区养殖的美国红鱼，一般销往东北活鱼市场，也可出口韩国、日本或加工后出口美国。

2. 池塘养殖

（1）场址的选择。要求有充足的水源，以保证高温季节可大量换水，水质良好、无污染。池塘的土质以壤土、沙壤土最佳，黏土次之。

（2）池塘条件。池塘面积以5～10亩为宜，最大不超过20亩，面积过大，投饵、水质调节、鱼的收获等操作均不方便。水深为1.2～2米。池塘形状以长方形为宜，东西走向，长：宽为5：3。池底要平坦，并向排水口方向倾斜。

（3）鱼种放养。放养前要对池塘进行清整和消毒，先把原有池水排干，把池底淤泥清除，暴晒后，再用生石灰或漂白粉消毒。等毒性消失后，向池塘内注水，水深一般为50～60厘米，注水时要用20～40目的筛绢网过滤。一般在鱼苗下塘前5～7天，向池塘内施放已腐熟的有机粪肥,每公顷施 4.5～7.5 吨,也可施无机肥料,以培养饵料生物。

　　放养密度根据池塘的水深、换水能力、管理水平等调节,一般每公顷放养 50 克以上的鱼种 9000～18000 尾。鱼种要求体形匀称,大小一致,体质健康,鳞片完整,无病无伤。鱼种下塘前要进行药浴消毒。

　　(4)饵料投喂。做好饵料投喂工作,关键是要做到"四定"。定质:要求投喂的饲料必须营养全面、大小适中,严禁投喂腐败变质的饲料。定量:根据鱼体的大小、数量、健康状况及水体环境条件等,科学、合理地制订每日的投饵量。一般每日投喂量为鱼体重的 3％～8％。定时:饲料应在每日早晨和傍晚定时投喂。定位:每日在固定地点投喂,使鱼养成定点摄食的习惯,这样可提高饲料利用效率,减少饲料浪费和残饵对池底的污染。

　　(5)水质调控。鱼苗放养以后,随着鱼的生长,水中鱼的粪便、残饵等有机物以及氨态氮、硫化氢等有害物质逐渐增多,浮游生物的数量也呈指数型上升,如果不及时调节水质,很容易引起水质败坏,出现缺氧浮头的情况,甚至造成大量死鱼的现象。因此,在养鱼过程中,必须每日早晨巡池 1 次。在高温季节或者闷热、无风、阴雨的天气,要特别注意水质的变化。在生产中主要依靠观察水色、透明度、鱼的活力、摄食情况以及是否有浮头迹象等来判断水质的好坏。最好能够配备必需的化验设备,对水的溶解氧、酸碱度、氨态氮、硫化氢等常规指标进行定时分析。

　　目前,改善水质主要依靠及时灌注新水和使用增氧机增氧两种途径。因此,高产精养池必须具备足够的换水能力,甚至配备增氧设施。通常每公顷放养 7500 尾时,日平均水体交换率在 10％左右;而每公顷放养 15000～22500 尾时,日平均水体交换率应达到20％～30％。

　　(6)鱼病防治。在高温季节或鱼病的高发期,除了要保持良好的水质外,还应注意鱼的营养状况,改善鱼的饲料结构。投喂鲜活饵料时,不能长期投喂单一品种。要经常消毒饲料场,坚持定期投喂药饵。一旦在巡池中发现病鱼,要立即查找病因,及时治疗。

　　(7)越冬管理。室外池塘越冬只在浙江、福建以南沿海地区才能真正实施。越冬水温应保持在 10℃以上,而长江以北沿海地区的池塘在冬季是难以达到该温度的。越冬池应该是东西走向、长方形、水深

2米以上。也可在原养殖池越冬,要求在越冬前加大换水量,至少交换200%,这样就可把原池中的旧水基本上换掉。

越冬前要进行强化培育,因为在水温10℃左右的条件下,美国红鱼基本不摄食,在越冬期间体能消耗较大。因此,只有在越冬前将体质培育肥壮,体内蓄存了足够的脂肪,才能顺利越冬。

越冬期间应和养殖期一样,坚持日常管理和监测制度,每日定时检测越冬池塘表层、中层和底层的水温,以及溶氧量、氨态氮和pH的变化情况。如池塘水温和海区海水水温都稳定在10℃以上时,可以适当换水。只要越冬鱼还摄食,就要坚持投喂,一般投饵量不超过越冬鱼体重的1%。

(8)日常管理。在养殖过程中,要定期测量鱼的体长、体重和水的温度、盐度、溶氧量等,并做好记录。放苗量、投饵量、鱼病的防治、产量、产值情况等均应做好记录,以便总结经验,为今后制订增产措施提供依据。

3. 工厂化养殖

(1)工厂化养殖的类型。目前美国红鱼的养殖方式依水的来源和循环方式可分为开放式养殖和封闭式养殖两种。开放式养殖按水温能否控制,又分为常温流水养殖和温流水养殖。

① 开放式养殖。

A. 常温流水养殖。整个流水系统比较简单,水从一端进入,从另一端排出,养殖用水一次性利用,不进行循环。若自然海水水温常年在10℃以上,则不需加温设备,适合我国南方大部分地区。

B. 温流水养殖。利用热电厂、核电站、工业冷却高温余热水或地热水作热源,提高和保持鱼池内水温,在北方地区既可以使美国红鱼安全越冬,又可促进其全年快速生长。美国红鱼为暖水性鱼类,只有在水温12℃以上才能生长,在18~30℃时生长迅速。

② 封闭式养殖。封闭式养殖是技术设备较完善的养殖方式,采用人工控制水温、流速、水质等环境条件。该系统一般由水泵紫外线消毒器、臭氧发生器、水温控制器等部分组成。美国用长12~13米、宽2.5~3米、高1.2米、水深1.0米的玻璃钢水槽作为养鱼槽,利用

气泵使水循环,借助臭氧发生器向养鱼槽内充氧。在密闭的循环水系统中,还有一个过滤水槽,水槽体积为养殖水体的1/5。过滤槽中设置10~12个过滤网,过滤网宽度与水槽内径相同。该网由涤纶棉制成,外套筛绢用塑料框架固定,平行排列在过滤槽内。养殖槽的水经过过滤网,其中的残饵、粪便等被阻留在过滤网上,经10~12层过滤,水变清澈,再经气泵流至养殖槽内。由于过滤网上自然繁殖了许多生物,这些生物可将氨态氮最终转化为对鱼类无毒害作用的硝态氮。

(2)养殖管理。

① 准备工作。养殖池要进行消毒处理,新建池提前10~20天用淡水反复浸泡、冲刷;旧鱼池用漂白粉或高锰酸钾消毒处理。检查进排水系统、供热系统和供气系统,提前进行整个养殖系统的运转,提早消除隐患,保证养鱼系统正常运转。

② 放养密度。选择健康、规格一致的鱼苗作为养殖种苗。鱼苗入池之前用硫酸铜或高锰酸钾药浴5~8分钟。放养密度与饲养条件、个体大小等有关。换水量大、流水条件好的单位,可适当加大放养密度。在同样条件下,放养密度大的生长较慢。因此,适当降低放养密度可加速鱼类生长并减少疾病的发生;但密度太小,产量也低,效益不佳。实际放养密度应根据各场的实际情况确定。放养密度最大比例:鱼重:水重为1:3,一般为1:10,养殖放养密度见表6-2。

表6-2 美国红鱼工厂化养殖放养密度

体长(厘米)	放养密度	
	尾(米³)	千克(米³)
3~5	600~800	1.2~2.0
8~10	150~200	2.5~3.0
10~15	80~100	4.0~5.0
15~20	40~60	6.0~7.0
30	15~20	7.0~8.0
40	10~15	8.0~9.0

③ 个体筛选。幼鱼在体长小于 10 厘米时,互相残杀现象严重,每隔 10～15 天要分选 1 次。通过大小分选可以防止互相残杀,加快生长速度,便于管理。操作时动作要轻、快,避免鱼体受伤掉鳞,尽量缩短鱼离水时间和聚集时间。分选时鱼的密度不宜太大,注意防止局部缺氧,故应避开高温、闷热的天气,加大流水量和充气量。筛选后的鱼经药浴后放入不同池中。

④ 水质管理。与稚鱼培育期相似,水的交换量要大一些,可根据供水能力、养殖密度、水中溶氧量和含氮量、饲料类型等因素综合考虑。当水温低于 15℃时,日最佳水交换量为养殖水体的 5～10 倍;当水温高于 15℃时,日最佳水交换量为养殖水体的 15 倍;当水温高于 30℃时,要特别注意加大水交换量。应经常洗刷池壁,清除残饵、污物。清池不要过分惊扰鱼群,以免影响其摄食。定时测定水温,分析水体的溶氧量、pH、氨态氮、硫化物等理化指标。

⑤ 饲料投喂。工厂化养殖所用饲料同其他养殖模式。当鱼体长小于 6 厘米时,主要投喂切碎的鱼虾和贝肉,或适合口径的人工配合饲料,或卤虫成体。当鱼体长大于 6 厘米时,可增投糠虾、端足类或切碎的小杂鱼虾。当鱼体长在 15 厘米以上时,主要投喂新鲜或冷冻杂鱼虾或人工配合饲料,投喂人工配合饲料最好添加维生素等。投喂量根据个体大小、水质状况、水温高低、个体健康状况而定。当体长小于 10 厘米时,日投喂 4～5 次,日投饵量为鱼体重的 10%～15%;当体长为 10～20 厘米时,日投喂 3 次,日投饵量为鱼体重的 5%～10%;当体长在 20 厘米以上时,日投喂 2～3 次,日投饵量为鱼体重的 3%～5%。当水温高于 32℃,或低于 10℃时,美国红鱼摄食量下降,要适当减少投喂次数和投喂量。药浴、倒池及分选前后要适当减少投喂量或停止投喂。

⑥ 日常管理。每天坚持巡池,观察鱼的游动状况、摄食情况、体色是否正常,是否有离群或擦边现象。若发现异常,应及时查明原因,采取相应防治措施。经常检查排水口是否漏鱼,注意养鱼车间及整个养鱼系统设备的维护、保养,确保养殖期间不发生意外,关键设备必须有备用品,做好养殖期间的记录工作。

七、
大黄鱼养殖

大黄鱼 *Pseudosciaena crocea*（Richardson）(见彩色插页)，俗称黄鱼、黄花鱼、黄瓜鱼等，隶属于脊索动物门、脊椎动物亚门、硬骨鱼纲、鲈形目、石首鱼科、黄鱼属，是我国传统的四大海水经济鱼类之一。其营养丰富、肉质细嫩、味道鲜美，鱼鳔可制成名贵的鱼肚，深受人们喜爱。近年来，过度捕捞使大黄鱼自然资源遭到严重破坏。尤其是进入 20 世纪 80 年代，大黄鱼自然资源衰退，在自然海区已很难捕到大黄鱼，其产量一度锐减，1987 年为历史上年产量最低点，仅为 1.72 万吨，且所捕的多为低龄个体。经水产科技人员的努力，大黄鱼的人工繁殖于 1988 年获得成功，为人工养殖提供了便利。自 20 世纪 90 年代以来，随着鱼苗培育技术的突破，在浙江省宁波、舟山、温州、台州和福建省闽东等沿海地区，大黄鱼的人工养殖蓬勃发展起来，尤其是福建省宁德地区，大黄鱼的人工鱼苗和养殖产量很高，成为当地主要的海水养殖鱼类之一。大黄鱼的人工养殖现已推广到海南省、广东省、浙江省、江苏省、山东省、河北省、辽宁省等地区，发展非常迅速。目前，我国养殖的大黄鱼大部分为闽粤东族。由于岱衢族大黄鱼人工育苗已成功，现浙江省已开始养殖该品种。

大黄鱼养殖的发展，从时间上可分为 4 个阶段。第一阶段——试验研究阶段(1985～1990 年)：突破了大黄鱼的亲鱼培育和苗种人工繁育技术，达到百万尾育苗水平，大黄鱼养殖业开始起步；第二阶段——应用推广阶段(1991～1996 年)：年育苗量达到 900 万～1400 万尾，开始进行规模化养殖，1996 年以后大黄鱼人工育苗和养殖技术在福建省宁德市周边地区得到了推广应用；第三阶段——产业化阶段(1997～2003 年)：随着育苗和养殖技术的推广，90 年代后期大黄鱼养殖陆续在海南、广东、浙江、江苏等省得到了迅速发展。2003年年育苗量达5.92亿尾,养殖产量达58684吨;第四阶段——产业提升阶段(2004年至今):遗传育种、规模化繁育、健康养殖和病害防控等技术取得新突破,整个大黄鱼产业得到提升,2010年年育苗量达23.15亿尾,产量85808吨,2012年全国大黄鱼产量为95118吨。大黄鱼养殖在福建和浙江有良好的发展前景,在福建省宁德市还建立了大黄鱼自然资源保护区,成为全国大黄鱼育苗和人工养殖基地。

(一)生物学特性

1. 形态特征

大黄鱼体延长、侧扁,背缘和腹缘广弧形,尾柄细长。体长为体高的3.5～4.2倍,为头长的3.4～3.8倍。背面和上侧面为黄褐色,下侧面和腹面为金黄色,背鳍及尾鳍为灰黄色,胸鳍和腹鳍为黄色,唇为橘红色。头侧扁,大而尖钝,具有发达的黏液腔。眼中大,上侧位,位于头的前半部。鼻孔每侧2个,前鼻孔小而圆,后鼻孔大而呈长圆形。口大,前位,斜裂,下颌稍突出,牙细小、尖锐,上颌牙多行,下颌牙2行。无颏须,鳃孔大。鳃盖膜不与颊部相连,鳃盖条为7条,具假鳃,鳃耙细长。头部及体前部被圆鳞,体后部被栉鳞。背鳍与侧线间有鳞8～9行,体侧下部各鳞常具一金黄色腺体。侧线完全,前部稍弯曲,后部平直,侧线鳞为56～57枚。背鳍连接,鳍棘部与鳍条部之间具一深凹。臀鳍具2条鳍棘,第二鳍棘长等于或稍大于眼径。胸鳍尖长,腹鳍较小。尾鳍尖长,稍呈楔形。鳔与鼓肌发达,鳔侧具31～33对侧肢,每一侧肢具背分枝及腹分枝,腹分枝分上下两小枝,下小枝之前后两小枝等长,沿腹膜下延伸达腹面。

2. 地理分布

大黄鱼为我国特有的地方性鱼类,北起黄海南部,经东海、台湾海峡,到南海雷州半岛以东均有分布,可分为3个明显的地理种群,由北向南分别为:岱衢族、闽粤东族和硇洲族。不同地理种群的大黄鱼具有其特有的形态特征和生态特性,见下表。

大黄鱼 3 个地理种群的形态特征和生态特性

主要特征			岱衢族	闽粤东族	硇洲族
形态特征	鳃耙数		28.52	28.02	27.39
	鳔侧肢数	左侧	29.81	30.57	31.74
		右侧	29.65	30.46	31.42
	眼径：头长（%）		20.20	19.19	19.40
	尾柄高：尾柄长（%）		27.8	28.49	28.97
	体高：体长（%）		25.29	25.58	25.96
生态特征	主要生殖期		春季	春季、秋季	秋季
	生殖鱼群年龄组数目		17～24	8～16	7～8
	世代成熟速度	性成熟最小年龄	2	2	1
		大量鱼性成熟年龄	3～4	2～3	2
	寿命	生殖鱼群平均年龄	9.49	4.23	3.00
		最高年龄	29	17	13

　　（1）岱衢族。岱衢族包括江苏吕泗洋、浙江岱衢洋、猫头洋和洞头洋四个鱼群。以岱衢洋鱼群为代表，它们主要分布在黄海南部到东海中部［福建瑜山（约为东经 120°20′、北纬 27°）以北］，这一地理种群的环境条件主要是受长江流域径流直接影响。

　　（2）闽粤东族。闽粤东族包括福建官井洋、厦门外海、广东南澳和汕尾外海四个鱼群。以官井洋鱼群为代表，它们主要分布于东海南部和南海北部［福建瑜山（约为东经 120°20′、北纬 27°）以南到珠江口］，栖息在这一海域的种群直接或间接地受到台湾海峡水文条件的影响。

　　（3）硇洲族。硇洲族主要为广东硇洲近海鱼群，其主要分布在珠江口以西到琼州海峡以东，在海洋条件上具有内湾性的特点。

3. 生活习性

　　（1）水温。大黄鱼为暖水性近海集群洄游鱼类，其生存水温为

64

8～32℃,生长最适水温为 18～28℃。当水温降至 15℃时,摄食量仅为正常量的 50％;当水温降到 11.5℃时,摄食量仅为常量的 10％。当水温升至 11℃时,开始摄食活动;当水温升至 15℃时,其摄食活动比降温时同等水温的摄食活动活跃,摄食量为正常量的 60％;当水温上升至 18℃时,摄食量恢复正常;当水温上升到 28℃以上时,摄食量减少为正常量的 60％～70％;当水温达 30℃以上时,摄食量为正常量的 20％～30％。大黄鱼死亡的极限温度为 6℃。

(2) 溶解氧。大黄鱼对其生活水环境的溶氧量要求较高。溶氧量在 7.0 毫克/升以上时,大黄鱼的生长发育和日摄食量正常,日常生活在网箱的中、下层;当溶氧量下降到 3 毫克/升时,大黄鱼成群在网箱周边狂游,并出现头部向上蹿动,蹦跳,然后腹部朝上在水面上打转等现象,时间持续 2～3 小时后陆续出现鱼因缺氧而死亡的情况。幼鱼的耐低氧能力比怀卵的亲鱼强,空腹幼鱼的耐低氧能力比饱食的幼鱼强。大黄鱼要求溶氧量的临界值为 2～3 毫克/升,但具体还要根据鱼的大小、体质和饱食程度而定。幼鱼的溶氧量阈值为 3 毫克/升左右,稚鱼则为 2 毫克/升左右。因此,人工育苗尤其在养成中,特别注意保持溶氧量在 5 毫克/升以上,否则易造成缺氧浮头而导致死亡。

(3) pH。当养殖水环境 pH 为 7.8～8.4 时,大黄鱼的生长发育和日摄食活动处于正常状态。人工养殖水环境 pH 的变化将影响大黄鱼生理代谢。当 pH 在 6.5 以下时,即使溶氧量很高,大黄鱼也会浮头,最后窒息死亡。

(4) 盐度。大黄鱼适宜的盐度为 16‰～35‰,最适盐度为 22‰～32‰。海水盐度为 16‰不利于大黄鱼的生长发育,对成活率与产量都有影响。当海水盐度为 22‰～26‰时,对大黄鱼进行人工催产,不会影响自然产卵与受精;当盐度在 22‰以下时,受精卵在水中大部分下沉;盐度在 16‰以下和 32‰以上时,对大黄鱼胚胎发育有影响。

(5) 光照强度。大黄鱼通常栖息在水深 20 米以内的近海浅水区。越冬时,鱼群游到 60 米深的暖水区。大黄鱼厌强光,喜浊流。网箱养殖水环境的光照强度与网具深度和水的透明度有关。白天大黄鱼在网箱上层活动,其光照强度为 5000～12000 勒克斯,中层光照强度相应较弱。在正常情况下,大黄鱼摄食的光照强度以 200 勒克斯以下最佳,但并非大黄鱼在强光(15000 勒克斯以上)下就不摄食。在人工驯化下,网箱养殖大黄鱼可在晴天上午或下午摄食。

(6)透明度。大黄鱼网箱养殖水环境的透明度一般为 50～150 厘米,因潮流大的原因,短时间的浊流使透明度在 20 厘米左右,不会影响大黄鱼的生长发育,但对大黄鱼的摄食活动有影响。经多年对网箱养殖大黄鱼的水环境透明度与养殖效果的观察,结果显示有浊流、透明度低时大黄鱼的摄食量明显低于浊流过后透明度达到 0.5 米以上时的摄食量。投喂饲料的时间应避开浊流期,待水的透明度达到50 厘米以上时再投喂。大潮期间水质混浊,有病的大黄鱼容易死亡,浊流期死亡率与非浊流期的死亡率之比为 4∶1。

(7)水流。大黄鱼网箱养殖水的流速为5～25 厘米/秒,最适流速为 10～20 厘米/秒。全长为 2～5 厘米的大黄鱼幼鱼,适宜流速为5～10 厘米/秒;12 厘米以上的幼鱼和成鱼,适宜流速为 15～25 厘米/秒。若水的流速大于 25 厘米/秒,则成鱼逆游活动加大,其养殖饵料系数明显过高,且生长慢,成活率低。

(8)洄游、越冬。在生殖季节,大黄鱼从外海向近海进行生殖洄游,产卵场多在河口附近的岛屿、内湾等近岸浅水区。在生殖洄游季节,海区的表层水温通常为 18～23℃,盐度为 27‰～29‰。当水温低于 15℃时,大黄鱼摄食量开始减少,进入越冬期。越冬期为 12 月下旬至翌年 3 月下旬。

(9)爆炸声、敲击声。爆炸声、敲击声对网箱养殖大黄鱼将产生负面影响,尤其是水下爆炸作业或距养殖网箱近的山体爆炸作业影响较大。距养殖网箱25 米以外的敲击捕鱼作业,对大黄鱼没有影响;距离在 25 米以内进行敲击作业,尤其在网箱架上方敲击物体,将使网箱内大黄鱼受到惊扰而蹦跳。17.64 千瓦以上的机动船产生的震动及噪音,足以使距离 5 米内、全长 2～2.5 厘米的大黄鱼幼鱼因胀膘而死亡;而在距离 30 米以内时,同样全长的幼鱼却安然无恙;在距离 5 米以内时,全长 15～20 厘米的成鱼也同样安全。

4. 食性与生长

（1）食性。大黄鱼食性广，吃食水生动物种类近百种。成鱼主要摄食各种小型鱼类（如龙头鱼、黄鲫、带鱼幼鱼等）、虾类（如对虾、鹰爪虾）、蟹类及糠虾类。幼鱼主食桡足类、糠虾、磷虾等浮游动物。网箱养殖的大黄鱼，仍然喜食动物性的小鱼，动物性饵料经加工成肉糜状、碎状或条块状，只要适口性好，即可摄食。

对于人工配合饲料、浮性或沉性的成型饲料或软性现场加工的饲料，大黄鱼均可摄食，但饱食程度不如动物性鲜料，其生长发育速度也不如摄食动物性鲜料的大黄鱼生长得快。

大黄鱼摄食量与水温高低有直接关系，当水温在 18～28℃ 时，早、晚各投喂 1 次。大黄鱼喜欢在水面下摄食，故应采用手工投喂的方式饲养。投入的饲料一定要适口，不能结团，要块小、均匀。大整团的糜状料，大黄鱼不敢摄食，饲料下沉到网箱底部从而造成浪费。个体重达到0.5千克以上的成鱼对细碎饲料不感兴趣。随着个体的长大，应投喂碎块或条状的适口饲料，饲料长度为 1.5～2.0 厘米，直径为 0.5～1.0 厘米。

（2）生长。大黄鱼的 3 个地理种群的生长速度存在种内变异，岱衢族的大黄鱼生长慢，寿命长，性成熟晚，最长寿命可达 30 龄以上；闽粤东族的大黄鱼生长快，寿命稍长，但性成熟较晚；硇洲族的大黄鱼生长快，寿命短，性成熟早。雌鱼生长快于雄鱼。全长 2～5 厘米的幼鱼生长慢，成活率低。随着体长的增长，生长速度加快。全长达到 13～15 厘米的个体生长发育快，不但全长生长快，而且体宽、体高都有增长，这就是体重在此期间增长快的原因之一。在春、秋两季的繁殖季节，在约 90 天的时间中生长发育受到一定影响。产卵后，摄食量猛增，生长发育恢复正常。从时间上看，全长 2 厘米的幼鱼生长到12 厘米时体重达到 50～60 克，需 90～120 天；从全长 12 厘米生长到全长 15～17 厘米时体重达到 120～150 克，需 120～150 天；再生长到19～21 厘米时体重达到 300～370 克，约需 150 天。春苗养殖到 10～11 月的秋季繁殖期时，雌鱼性腺发育成熟，此时体重达到 120～160 克；秋季苗养殖到翌年秋季的繁殖季节时性腺才成熟，此时体重达

250~370 克。

5. 繁殖习性

大黄鱼由于生活地区的不同,其性成熟的时间也不尽相同。浙江近海大黄鱼性成熟自 2 龄开始,大部分雄鱼性成熟的年龄为 3 龄,雌鱼为 3~4 龄;广东硇洲近海鱼群 1 龄便有性成熟的个体,大部分鱼在 2~3 龄性成熟;福建官井洋种群开始性成熟的时间为 2 龄。以上各鱼群均表现为雄鱼性成熟略早。雌鱼的怀卵量随个体的年龄、体长、体重的增长而增多,一般为 10 万~110 万粒。

大黄鱼在生殖季节,从外海区向近海作生殖洄游。产卵场多在河口附近或岛屿、内湾的近岸浅水区,水深一般为 20~30 米,底质为软泥、泥沙。海区潮流较急,流速一般在 0.50~1.25 米/秒之间,退潮的流速比涨潮的大。在生殖季节,海区表层水温一般为 18~23℃,盐度为 27‰~29‰。大黄鱼在同一海区有不同生殖期的两个生殖鱼群,称为"春宗"和"秋宗"。大黄鱼春季产卵盛期在南海为 3 月,在闽、浙为 5 月;秋季产卵盛期在浙江北部为 9 月,在南海为 11 月。岱衢族的主要产卵期在春季;北部(靠近福建北部)闽粤东族的主要产卵期在春季,南部(靠近广东东部)闽粤东族的主要产卵期在秋季;硇洲族的主要产卵期在秋季。大潮汐为排卵期。人工养殖的大黄鱼,1 周龄即可达性成熟,且有生物学最小型越来越小,即呈性早熟的趋势。

大黄鱼产卵多在傍晚至午夜时分进行,发情时亲鱼连续发出"咯咯咯"的声音,在激烈的追逐过程中完成产卵、受精行为。大黄鱼为短期分批产卵类型,一般 2~3 次产完。

(二) 养殖技术

1. 网箱养殖

(1)养殖水域选择。

① 水域。选择风浪小、无污染、无淡水流经的水域。

② 水深。水深应为 6~12 米。海区底质应平坦、无污泥。

③ 流速。水的流速应小,要求流速在 35 厘米/秒以内,最适宜的

流速为 15～25 厘米/秒。

④ 透明度。适宜的透明度为 25～120 厘米,最适宜的透明度为 50～80 厘米。

⑤ 盐度。适宜的盐度为 16‰～30‰,最适宜的盐度为 22‰～28‰。

⑥ 水温。适宜的水温为 8～30.5℃。

(2) 鱼排设置及结构。

① 鱼排设置。根据潮汐涨潮、退潮流向,顺向设置鱼排。在涨潮、退潮方向打锚,原则上 4 个宽鱼排各打 15 个锚,锚绳长 100 米,另一端固定在鱼排边缘的木板上。鱼排两侧同样打锚固定。6 个网箱的两侧各打 2 个锚,打锚的位置与木板成 45°,以防止鱼排向两侧移动。

② 鱼排结构。鱼排由框架、浮子、箱体和其他配件组合而成。鱼排的大小可根据需要而定,一般由 24 个网箱组成 1 个小鱼排,由 36 个网箱组成 1 个大鱼排。鱼排设施有管理房、工具房、饲料房、洗网台、绞料机和小船等。

③ 网箱结构。网箱四周有 4 片网衣,底层有 1 片底网衣,箱口有 1 片网盖。四周网衣缝合处用聚乙烯绳加固,然后与底层网衣缝合。网箱的面积比框架面积小,即长和宽各小 5 厘米。根据水的流速情况确定每个网箱的大小,一般流速缓慢的海区网箱面积可大些,网的深度也可深些。通常网箱规格为 4 米×4 米×3 米、12 米×12 米×5 米、16 米×16 米×6 米。围垦区水域无水流,网箱规格可大些,一般为 25 米×25 米×8 米。

④ 网箱选择。一般采用浮动式网箱,网箱的网衣由无结网片制成。放养全长 2.5～3.0 厘米的鱼苗,网目长为 0.3～0.4 厘米;放养全长 4.0～5.0 厘米的鱼苗,网目长为 0.4～0.5 厘米;放养全长 5.0 厘米以上的鱼苗,网目长为 0.5～1.0 厘米。

(3) 放养规格与密度。大黄鱼鱼种放养的特点是其放养密度比任何一种海水鱼类的放养密度都大,这与大黄鱼的生活习性有直接关系。大黄鱼生性胆小,鱼种放养量小,不敢到水面摄食。因此,鱼种放养量少的大黄鱼生长反而比正常放养量的大黄鱼生长慢。全长 3 厘米左右的鱼苗,其参考放养密度为 1000 尾/米³;尾重 50 克左右的鱼种,放养密度为 30 尾/米³;尾重 75 克左右的鱼种,放养密度为 25 尾/米³;尾重 150 克以上的大规格鱼种,放养密度为 15 尾/米³ 左右。收获前的密度为 12～14 尾/米³、6～7 千克/米³。

(4) 饲养与管理。

① 鱼种选择与放养。选择体质健壮、无伤无病的大规格鱼种,放养时间宜选择在早晨或晚上,于小潮水期间网箱内水流缓慢时放入鱼种。鱼种放入网箱之前,用 20 毫克/升的高锰酸钾溶液消毒 5 分钟。

② 饲料种类与投喂。

A. 全杂鱼料投喂。新鲜或冷冻的杂鱼,日投料量占鱼体重的 3%～5%,水温为 18～28℃时日投喂 2 次,早晚各 1 次,晚上投料量约占日总投料量的 2/3。随着水温的下降,大黄鱼摄食量也随之下降,水温 14～18℃时,日投喂量约占鱼体重的 2%;水温 8～13℃时,日投喂量约占鱼体重的 1%,日投喂次数仅为下午 1 次或每 2 天投喂 1 次。当水温上升至 29～30.5℃时,大黄鱼日投喂量也减少到占鱼体重的 2%,因此宜在半夜气温凉爽时投喂。全杂鱼的加工程度与饲料效果关系密切,对于全长为 5～8 厘米的鱼种,杂鱼需要用 3 毫米孔径的绞肉机加工成肉糜;对于全长为 16～20 厘米的鱼种,杂鱼需要用 8 毫米孔径的绞肉机加工;对于全长达 21 厘米以上的成鱼,杂鱼需要用 1 厘米孔径的绞肉机加工成肉糜状。根据杂鱼料的情况,如果是骨刺少的杂鱼,也可用刀切成小块投喂,应注意以适口为原则。大黄鱼投喂采用手抛方式。由于大黄鱼吃料动作较慢,又怕惊动,投料时一方面不要惊动它们,另一方面投料速度要适当放慢,以杂鱼料不沉入网箱底为准。一般在投喂的前 20 分钟大黄鱼吃得快些,之后吃的速度稍慢些,可稍停 10～15 分钟后,再投喂 1 次。

B. 配合饲料投喂。浮性配合饲料日投料量占鱼体重的 1%～1.5%,随着水温的升高适当调整投料量。浮性饲料在投喂之前,先用淡水浸泡 5～8 分钟,颗粒小的浸泡时间短些,颗粒大的浸泡时间长些。投喂浮性饲料之前要准备好投料区,以防止浮性饲料随着水流漂走。用 40 目/厘米² 的聚乙烯筛绢网在网箱内围成圆形或长方形,面积为网箱面积的 1/3～1/2。投料步骤:取经淡水浸泡好的浮性饲料→投入量为当日总投料量的 2/3→观察摄食情况,补充投入→收集未摄食或随水流漂到围网边的料→再投入。注意事项:一是选择在水流缓慢时投料;二是饲料不能一次性投入,以免吃不完造成浪费;三是实行分餐投喂,总投料量应控制在鱼八成饱的程度,每 4 小时投喂1 次;四是不投发霉变质饲料;五是不投营养成分不足的饲料。

C. 软性配合饲料投喂。日投料量占鱼体重的 1.5%~2%。加工方法:每千克粉状饲料加入 0.5 千克淡水搅拌均匀后,用颗粒饲料机加工成软颗粒状,根据鱼的口径大小调整颗粒机孔径。注意事项:一是当餐投料当餐加工;二是加工的料不能隔天投喂,高温时不能超过 12 小时投喂;三是未加工的料要包扎好,以防止油脂氧化、变质。每 4 小时投喂 1 次。

D. 混合饲料投喂。混合饲料是指杂鱼料和植物性料混合后的一种饲料。一种是饲料厂配好的预混料,主要成分有豆粕、玉米粉、黏合剂(次粉)、矿物质和维生素等;另一种是养殖户配的植物性料,主要成分有花生饼、玉米粉、次粉 3 种粉状料,再加入杂鱼料搅拌,经绞肉机绞成肉糜状。投料方法:杂鱼加工成肉糜+植物性粉状料拌匀后+次粉(增加黏合性)。注意事项:一是动物性、植物性料的配比要合理,动物性料占 40%~45%,植物性料占 50%~55%,黏合剂占 5%;二是定期或不定期加入鱼油和维生素;三是混合料要求搅拌均匀;四是混合料拌完后不能隔餐或隔日投喂,以保证饲料的新鲜程度,若混合料搅拌好后未及时投喂,应冷藏保存;五是要保证植物性粉状料不发霉、不变质。

③ 分级饲养。全长 5~8 厘米的鱼种饲养到体重 400~600 克的商品鱼约需 450~540 天的时间。这个饲养过程可分为 3 个阶段:第一阶段,全长在 12 厘米以内,俗称小鱼种阶段;第二阶段,全长为 13~16 厘米,俗称中鱼种阶段;第三阶段,全长为 17~20 厘米,俗称大鱼种阶段。在小鱼种阶段饲养过程中,又可分为 3 种不同规格的饲养阶段,一般 10~15 天分养 1 次,与换网同步进行。

④ 混养。在大黄鱼的网箱内可混养石斑鱼、篮子鱼和黑鲷等鱼类。混养的比例要合理,否则将影响大黄鱼的生长发育。在全长

12 厘米以下的大黄鱼网箱内,不宜混养肉食性凶猛鱼类(如石斑鱼、鲈鱼等),但可混养篮子鱼。在全长为 13 厘米以上的大黄鱼网箱内,可混养全长 5~6 厘米的石斑鱼,或混养 3~5 厘米的黑鲷。

⑤ 换网。网箱换网的时间依网目大小而定。网目小,如 0.5 厘米/目,每 7 天换网 1 次;1 厘米/目的网箱,每 10~15 天换网 1 次;3.5 厘米以上网目的网箱,每 30~40 天换网 1 次。换网方法:解开与网连接的固定沙袋或沉子→解开网盖→将鱼移到网箱一侧,把另一侧网有鱼的一侧收起→放新网箱,从原网箱底部套进去,直到旧网箱和鱼套在新网箱里面→解开旧网箱,将鱼放到新网箱内。换网注意事项:一是换网时切忌动作太猛,以防大黄鱼受惊而蹦跳;二是切忌操作不当,使网衣压伤鱼,导致鱼发炎死亡;三是切忌准备工作不充分,换网时间太长造成鱼过密而缺氧浮头;四是切忌更换网箱时检查不仔细,从而导致破网而逃鱼。

2. 池塘养殖

(1) 池塘条件。

① 池塘位置。选择进排水方便的土池,有条件时每月按要求进排水,并能防涝,安全性能好。

② 池塘面积。池塘面积应在 30 亩以内,水深 2~3 米,浅水区水深 1.3 米左右,深水区水深 3 米左右。底质无污染物,无浒苔等水生植物繁殖,不漏水。

③ 池塘朝向。池塘应为东西朝向的长方形,在池塘坐北朝南一侧挖一个 100~300 米^2 的小池,以供鱼种越冬之用。

(2) 鱼种放养。

① 池塘培育鱼种。选择 4 厘米以上体质健壮、体表鳞片完整、无病无伤的鱼种,每亩放养 1 万~2 万尾。经 60~90 天的培育,可达 60 克以上的大规格鱼种。

② 池塘饲养商品鱼种。选择 60 克/尾以上、体质健壮、体表鳞片完整、无病无伤的大规格鱼种,每亩放养 5000~6000 尾。

(3) 放养时间与方法。

① 放养时间。当水温稳定在 13~14℃时,选择在 3 月中旬前后

放苗。一般在晴天且无风的下午或傍晚放苗。

② 放养方法。放鱼种前在池塘避风向阳的池角或池边围隔一个区域,并在上方开 1～2 盏灯,以利于鱼种集中驯化。鱼种在出池或出箱运输之前 48 小时要锻炼 1 次,再放回原池或原网箱,以去除黏液、增强体质,同时停止投料。运输前 24 小时再集中锻炼 1 次,大约 20～30 分钟,再放回原池或原网箱,以去除黏液和未消化的食物及粪便。经运输之前的 2 次锻炼后,鱼种体质普遍增强。同时,检查鱼种是否有寄生虫,若有寄生虫,应有针对性地采取治疗措施后再运输,以保证较高的运输成活率。

(4)鱼种运输。运输工具主要是船或车。先将船内的水舱或车上的帆布桶进行消毒处理,再用 250 毫升/米³ 的甲醛溶液浸泡 24 小时,洗净并装好水待用。鱼种在网内过水 3 遍去掉黏液后,装到船或车上。每立方米水体放入的鱼种密度:全长 2～3 厘米的鱼种,放入 1 万～1.2 万尾;全长 4～6 厘米的鱼种,放入 5000～6000 尾;全长 9～10 厘米的鱼种,放入 2500～3000 尾。运输途中要用氧气瓶充气。10 米³ 的水体每 2 小时用 13 千克氧气 1 瓶。水温控制在14～15℃,若温度过高应加冰降温。冰块要用塑料袋装好,以防止淡水流到水舱或帆布桶内。

(5)日常管理。

① 饲料投喂。饲料要求精细、动物性蛋白质含量高。绞肉机的孔径要细小,使用的小杂鱼类要加工成肉糜状。投料宜少量、多次,一次性投入的料不宜过多。一般每 2 小时泼洒鱼浆 1 次。若投喂配合饲料,则每 2 小时投喂 1 次。

② 水质管理。

A. 控制透明度。根据大黄鱼喜暗怕光的生活习性,水体透明度调节为 40～50 厘米。透明度太低,水中的浮游生物多,夜间消耗氧气多,对大黄鱼的生长不利。

B. 换水调温。在夏季高温时换水可降低池塘水温,一般在夜间或凌晨加水,水温较低。通过加水可以提高水中溶氧量。

C. 调节 pH。定期向池中撒生石灰、漂白粉,以调节水体 pH 和硬度。

③ 巡塘。在太阳尚未出来之前,在池塘周围观察是否有大黄鱼在池边狂游。夜间也可划小船到池塘中间观察并倾听是否有鸣叫声,若有鸣叫声,则判断是成群浮头鸣叫,还是游动时鸣叫,从而推断大黄鱼是否缺氧、投料是否不足。

八、

黑鲷养殖

黑鲷 *Sparus macrocephalus*（Basilewsky）（见彩色插页），隶属于鲈形目、鲈亚目、鲷科、鲷属，俗称海鲫鱼、乌翅、黑加吉等，为常见的海水经济鱼类。

（一）生物学特性

1. 形态特征

体长椭圆形，侧扁而较高。体背面窄，形成棱状线。腹面较圆钝，近平直。吻圆锥形且较短。鼻孔每侧 2 个，后鼻孔较大，细长，裂缝状。口中大，前位，位低，稍斜。上下颌前端具犬状齿 6 枚，上颌每侧齿 4 行，其中内 3 行为臼齿，下颌每侧 3 行臼齿。鳃盖骨后缘具 1 条扁平钝棘。棘耙甚短。

体被中等栉鳞，较弱。背鳍和臀鳍棘的基部有发达的鳞鞘，鳍条基部被小鳞。侧线完全，弧形。侧线鳞在黄海区为 49～52 枚，在南部海区为 51～55 枚。

背鳍 1 个，起点在胸鳍基上方；鳍棘与鳍条部相连，中间无凹刻；鳍棘强大，有 11 条，以第四鳍棘最长。臀鳍有 3 条鳍棘，以第二鳍棘最强大，为第一鳍棘长度的 3 倍左右。胸鳍位低，长而尖，最长条伸达肛门之后。腹鳍胸位，尾鳍叉形。

体青灰色，带金属光泽，腹部自肛门至吻端为白色，胸鳍为浅灰色，其他各鳍边缘为黑色。幼体为浅灰色，体有 6～8 条深色横条纹，除胸鳍外，其他各鳍均为黑色。

2. 生活习性

黑鲷主要分布于中国、日本和朝鲜半岛沿海，在我国南北部沿海均有。黑鲷为暖温性底层鱼类,喜栖于沙泥底质或多岩礁的浅海及内湾。仔鱼多漂浮于水的表层,稚鱼初期多在沙质底海区 1 米以内的水域,大些的稚鱼多在河口附近藻类较多的海区,但随着个体长大,逐渐向周围海域发展。黑鲷具有沿岸性、广盐性和广温性。

(1) 沿岸性。黑鲷为浅海底层鱼类,喜栖息在沙泥底或多岩礁的海区,主要栖息在深约 50 米的沿岸。该鱼在春、夏季栖息于岸边,当秋、冬季水温降低时则移栖较深水处,一般不作远距离洄游。

(2) 广盐性。黑鲷是一种对盐度变化适应能力很强的鱼类,适宜的盐度为 8‰～32‰,最适盐度为 25‰～28‰。将蓄养在海水中的黑鲷逐渐淡化移至淡水中,或将蓄养在淡水中的黑鲷逐渐盐化移至海水中,均可继续生活。黑鲷在盐度为 12‰～20‰ 的水体中生长比在盐度为 30‰ 的水体中快,以半淡咸水为宜。

(3) 广温性。黑鲷生长的温度最低为 3.4℃,最高为 35.5℃,适温范围为 18～25℃,一般在 20℃ 以上生长良好,在 17℃ 以下生长缓慢。经长期观察,水温低于 8℃ 时,黑鲷不摄食,在 5～10℃ 可以安全过冬,长期在 3.5℃ 以下会死亡。在长江以北地区,室外鱼池不能保证每年能自然过冬,需要用塑料薄膜覆盖鱼池越冬。而在长江以南的浙江省、福建省等地,无论是室外鱼池养殖还是网箱养殖,都不存在越冬问题。

3. 食性

黑鲷是以食底栖动物为主的鱼类,能用尾部挖掘底栖贝类和环节动物。成鱼在自然海区中主要摄食钩虾、麦秆虫、双壳类、多毛类、虾蛄、藤壶、鱼类、虾类、蟹类和头足类等,也摄食多种海洋藻类。黑鲷嗅觉敏感,对腐败动物非常爱食。在不同生活水域、不同生长阶段,黑鲷的食性有所不同(表 8-1),幼体以浮游动物为主。据有关报道称,黄海、渤海海区黑鲷的摄食量不是很大,最大摄食量为其体重的 3.3%,生长最佳时摄食量为其体重的 2.6%,维持其生命活动的最低摄食量为其体重的 1.2%。

表 8-1 黑鲷不同生长阶段食性的变化

全长（毫米）	摄食种类
10 以下	桡足类
10～30	桡足类、小型端足类
30～90	糠虾类、贝类的卵、虾类幼体、藻类
90 以上	双壳类、虾、蟹和多毛类

4. 年龄与生长

黑鲷为中型多年生鱼类，在自然群体中年龄组可达 5 组，成鱼体长为 250～300 毫米。黑鲷生长速度较快，前 3 龄生长很快，5 龄以后生长较慢。通常 6 月下旬的稚鱼全长为 10 毫米左右，鳍和鳞形成，体侧出现斑纹；7 月上旬可达 20 毫米，体内和体外的各器官基本完善；到 11 月可达到 100 毫米。港养的黑鲷生长更快，7 月中旬全长可达 45 毫米，体重可达 3 克；到 8 月下旬全长可达 110 毫米，体重可达 58 克；到 10 月下旬全长可达 175 毫米，体重可达 250 克。在自然海区中黑鲷的生长情况见表 8-2。

表 8-2 不同海区黑鲷体长比较

海区	体长（毫米）									
	1 龄	2 龄	3 龄	4 龄	5 龄	6 龄	7 龄	8 龄	9 龄	10 龄
台湾海峡	—	—	249	302	345	380	409	423	450	465
黄海	135.2	189.3	237.6	271.9	303.7					

5. 性别与生殖

黑鲷是典型的两性型鱼类，从体长上看，体长 10 毫米左右的幼鱼全部是雄性；体长 150～250 毫米的个体为雌雄同体的两性阶段；到体长 250～300 毫米时，性转化结束，大部分个体转化为雌鱼。从年龄上看，2 龄以前为雄性，雄性满 2 龄时便参加生殖活动；2 龄半的雄鱼精巢已全部成熟；2～3 龄为雌雄同体阶段，此时黑鲷的体内既有精巢，又有卵巢，精巢在体内左右两侧，两精巢之间是卵巢，精巢和卵巢之间隔着肥厚的结缔组织;3 龄鱼中雌性约占 50％;4 龄鱼多数为雌性;4 龄以上几乎全部为雌性。生物学最小型雄性体长为 120 毫米,体重为 145 克;最小型雌性体长为 194 毫米,体重为 236 克。黑鲷的产卵期在各海区都不一样,山东省沿海为 5 月;连云港港、象山港的产卵期为 4 月下旬至 5 月上旬;福建龙海沿海产卵期为 4 月;台湾省附近海区的产卵期为 2～5 月。产卵场的温度、盐度各地也相差很大,浙江省象山港黑鲷产卵场水温为 15℃左右,而台湾省附近水域产卵场水温却高达 22.5～24.5℃。体长 250 毫米的雌鱼怀卵 15 万粒左右,通常为 15 万～60 万粒,大个体鱼可达 100 万粒以上,700 克的雌鱼可产卵 150 万粒。

卵呈圆形,彼此分离,浮性,卵径 0.81～1.20 毫米,油球径 0.20～0.23 毫米。当盐度小于 13.7‰时,受精卵沉于水底,孵化率低于 31.3％;当盐度大于 20.2‰时,受精卵浮于水中层或水面,孵化率高达 100％。当盐度小于 14.6‰时,精子离体 3 分钟后全部死亡;当盐度为 18.6‰～25.3‰时,精子活动正常,可存活 10 分钟左右。当水温为 14～17℃时,受精卵于 48 小时左右可孵出仔鱼;当水温为 19℃时,需要 40～45 小时孵出仔鱼。

6. 洄游移动与敌害

黑鲷虽然在我国南北方沿海都有分布,但该鱼却是典型的沿岸性鱼类,对环境的适应性比较强,没有长距离洄游,仅在近海进行小规模的移动,故黑鲷为区域性的种群。黑鲷有按季节变化做深海和浅海移动的习性。当春季水温升高时,黑鲷从较深的海区向浅海近岸移动,在沿岸浅水区产卵,幼鱼在浅水区摄食生长;当冬天气温下降时,黑鲷又从浅水区向深水区移动,在深水区越冬,翌年春天再向沿岸浅水区移动。10 厘米以内的当年幼鱼移动距离要近一些。

常侵害黑鲷的鱼类有绵鳚、鰕虎鱼、许氏平鲉、六线鱼等,其中以鰕虎鱼对黑鲷幼鱼的伤害最甚,约占被害黑鲷的 80％。黑鲷鱼苗个体越小,被吞食的概率越大(表 8-3)。随着个体的长大,被食概率逐渐减小,体长 30 毫米以上的鱼苗一般不再被敌害吞食。因此,若放养黑鲷,应放体长 30 毫米以上的鱼苗。

表 8-3 不同体长的黑鲷苗被食率

体长(毫米)	被食率(%)
10~14	42
15~19	30
20~24	20
25~29	8
30 以上	0

（二）养殖技术

1. 网箱养殖

网箱养殖是目前黑鲷主要的养殖方式,以混养为主。

(1)海区选择。选择水质清洁、风浪较小、透明度较高、无污染的内湾为宜。水质理化条件应符合《渔业水质标准》(GB 11607—1989)。海水流速一般以 15~40 厘米/秒为宜,水深以 10~15 米为好。海区以泥沙底质为宜,下铁锚或打桩均可使网箱固定牢固。

(2)网箱规格与放养。网箱规格为 3 米×3 米×3 米、4 米×4 米×3 米、5 米×5 米×3 米、10 米×10 米×3 米等。网目规格随鱼种大小而定(表 8-4),并随着养殖鱼体的增长而不断增大,从放养苗种到养殖商品规格的鱼一般需要换 4~5 次网。

表 8-4 网箱网目规格和鱼种大小的关系

网箱规格	网目规格	鱼种大小	
		体长(厘米)	体重(克)
5 米×5 米×3 米	尼龙机织 80 经	5.2	2
5 米×5 米×3 米	尼龙线 16.8 毫米	6	5
10 米×10 米×3 米	塑料线 33.6 毫米	9	15
10 米×10 米×3 米	聚乙烯线 50.5 毫米	17	90

在外界因子相同的条件下,网箱养殖黑鲷的生长速度常与放养密度有关。一般而言,黑鲷放养密度高,生长缓慢,但放养密度太小,既浪费水域,又增加成本,因此放养密度要合理。目前常用的放养密度为7~12千克/米³。具体的放养密度还要根据水域环境条件和水质理化条件决定。水畅通,水中溶氧量较高,放养密度可以大一些,反之放养密度可减小。也可放养越冬后的大规格苗种,苗种生长快,成本低。

(3)混养网箱中黑鲷鱼种的投放。

① 密度。每只成鱼网箱混养黑鲷的数量根据主养鱼的密度而定,一般以每箱400尾的主养鱼中混养50尾黑鲷为宜,少于400尾时黑鲷的混养数量可提高到60~70尾,大于400尾时黑鲷的混养数量应控制在30~50尾。

② 规格。主养鱼(鲈鱼等)100克左右,选用配套的黑鲷鱼种规格为体长10~12厘米,体重30~50克。

(4)投喂。黑鲷的饵料有两类:一是鲜饵料,如鲜活或冷冻的鱼、虾、蟹、贝肉等;二是配合饵料。近几年,投喂鲜饵料以玉筋鱼为主,可占日投喂量的85.5%左右。若为冷冻玉筋鱼,可以直接装在网袋内,垂吊于网箱中,玉筋鱼解冻后自动落下,黑鲷就会吞食。配合饵料每天投喂量占14.5%左右。关于鲜饵料与配合饵料的配比问题,各地有所不同,有些地区以配合饵料为主。日本在20世纪70年代养殖黑鲷时鲜饵料占37%~40%,配合饵料占60%~63%。因为黑鲷摄食行动比较缓慢,为了使所有的鱼都吃饱,因此投喂要慢,每次投喂的时间为1小时,每天最少投喂2次。投喂时可人工投喂,也可用机器投喂。一般配合饵料用机器投喂,投喂时应将电动投饵机的速度调得慢些,每天投喂时间可延长到6~7小时。鲜饵料和配合饵料可混合做成湿饵投喂,有人认为湿饵更好。

(5)管理。黑鲷的网箱养殖管理主要包含网箱清洗、换网、网箱检查等工作,南方海区养殖应防台风,有条件者要经常对养殖的鱼进行一些测定等。

① 安全检查与附着物清除。每天2次投饵时,检查网衣有无破损,框架、浮子、缆绳有无松动,发现问题及时修补。每4天提起网衣

检查,同时清除网衣上的附着物。大风前后仔细检查箱体及木桩、缆绳及各连接部位的情况,及时处理存在的问题。

② 更换网衣。随着鱼体的增长,网目应逐渐增大,100 克左右时采用 3.5 厘米的网目,200 克以后改为 5 厘米网目。春末夏初为生物附着期,每 1 个月左右应更换一次网衣。换下的网衣,经日晒、拍打以清除杂藻及贝类等附着物,修补好备用。每次换网的同时,以减量法称出每网箱 30～50 尾鱼的重量,取其平均数作为投饵量的参考。

③ 日常监测与记录。每天对海水温度、天气、风浪等进行观测,同时记录各网箱投饵的种类、数量、鱼类活动情况、网箱情况等。

2. 池塘养殖

(1)池塘选择。根据黑鲷的生活习性,主要选择底质较硬的泥沙底、沙底及砾石底虾池,并且以水质好、无污染、管理方便的小型池子为宜。池塘面积为 10～30 亩,水深 2 米以上,换水能力达到 30% 以上,周围无污染源,交通便利。

(2)清淤消毒。当年 1 月排干池塘余水,封闸晒池。2 月底至 3 月初对池塘进行清淤,深度为 10 厘米左右,然后用漂白粉对池底、池坝进行全面消毒,每亩用量 25～30 千克。

(3)培养基础饵料。3 月中旬施肥肥水,4 月初池水情况良好,透明度为 35～40 厘米,饵料品种和数量丰富,对鱼苗前期的生长有很好的作用。

(4)放养密度和季节。1 龄鱼种越冬后于翌年 4 月放养,放养密度为 200～600 尾/亩,初始尾重 70～100 克,到 10～11 月收获时体重达 300～400 克;当龄鱼种 6 月下旬放养,放养密度为 300～1000 尾/亩,初始尾重 2～6 克,到 10～11 月收获时体重达 100 克左右。6～10 月是黑鲷生长最旺盛的季节,应强化饲养管理。

(5)投饵。科学投喂对黑鲷生长影响很大,要实行"四定"投喂法:① 定时。每天上午、下午定时投喂各 1 次。② 定点。将饵料投喂在固定的地点。③ 定量。实行定量投喂,日投喂量平均为体重的 5%～10%。每隔 1 个月,按体重和水温的变化情况调整投喂量,以满足黑鲷生长的需要。④ 定质。要保证饵料质量,交替投喂新鲜的小杂鱼、低值贝类和配合饲料较好。另外,在饲料中还必须添加 10％石莼粉,以提高黑鲷的蛋白质效率,改善脂类代谢,提高肌肉中含脂量,并提高黑鲷的耐低氧能力和耐饥饿能力。

(6)水质管理。放养鱼苗初期,由于投饵量少,水质比较稳定,应尽量少换水。中期和后期,随着水温的升高,换水量应加大。后期由于投喂量加大,代谢物增多,可每亩使用过氧化钙水质改良剂 7 千克,以改良水质。

(7)病害防治。

① 弧菌病。病鱼体表溃烂,背鳍、腹鳍鳍基充血,眼球突出,游泳迟滞,有时做狂游式回旋状游泳,食欲不振,肛门发红扩张、有黄色黏液流出。解剖观察发现腹腔积水,肝胰脏有明显的深红色斑点,甚至有溶血溃烂现象,病鱼死亡率高。该病在稚幼鱼、鱼种和成鱼中均有发现,其中稚幼鱼的发病率最高,流行季节为 6～8 月。预防方法:一是育苗池在使用前用 100 毫克/升的漂白粉彻底清池消毒,同时保证水源清洁;二是放养密度合理;三是鲜活饵料要经过海水充分洗净后再投喂,不投喂腐败变质的饵料;四是平时操作要谨慎,避免鱼体受伤。

② 淀粉卵甲藻病。病鱼全身瘙痒,窜游不安,以身体擦池或其他硬物,体色变黑、消瘦,鳞片大面积松散、脱落,体表溃烂,鳍基充血。致病体是淀粉卵甲藻,其繁殖能力强。高密度养殖时污染很快,将导致大批鱼在短时间内死亡。发病季节为 8～9 月,水温 24～27℃。治疗方法:用 10～20 毫克/升的硫酸铜药液浸泡 10～15 分钟,每天 1 次,连续 4 天。因用药浓度较大,应注意使用量,同时勤换水。

③ 车轮虫病。病鱼鳍部和体表黏液分泌量增大,上皮增生,食欲锐减或停食。致病体是车轮虫。发病季节为 7～8 月,水温 26～28℃。车轮虫繁殖较快,大量繁殖时会引起鱼死亡。治疗方法:用 2～3 毫克/升硫酸铜溶液全池泼洒 1 次即可。由于黑鲷对硫酸铜较敏感,施药的次日应及时换水,改善环境。

④ 刺激隐核虫病。病鱼体表呈现白点状,鳃部黏液增多,体色变黑,鳃丝呈黑紫色且糜烂。病鱼食欲不振,游泳迟缓,沉底死亡。致病

体是刺激隐核虫。发病季节为 6～7 月，水温 20～25℃。治疗方法：用 2～3 毫克/升硫酸铜与 0.8～1 毫克/升硫酸亚铁混合液全池泼洒 1 次即可。施药后第 2 天全池换水，改善环境。

⑤ 鱼虱病。病鱼烦躁不安，常跳出水面，狂奔乱游，食欲不振，最终鱼消瘦而死。致病体是鱼虱，寄生在体表、鳃、鳍条上，它用吸盘吸附，用口刺破表皮吸吮鱼体内营养。发病季节为 6～8 月，水温 20～27℃。治疗方法：用 0.25 毫克/升的 90％晶体美曲膦酯（敌百虫）全池泼洒 1 次即可。用药 1 周后再施药 1 次，效果较佳。

九、
鮸鱼养殖

鮸鱼 *Miichthys miiuy*（见彩色插页），俗称米鱼，隶属于硬骨鱼纲、鲈形目、石首鱼科、鮸鱼属，为近海暖温性底层经济鱼类。

（一）生物学特性

1. 形态特征

鮸鱼体侧扁，略延长，体长为体高的 3.4～4.2 倍，为头长的 3.4～3.7 倍。体背部为银灰或褐色，腹部灰白。鮸鱼的头中等大小，略侧扁，较尖突，长着圆鳞。头长为吻长的 4.1～5.2 倍，为眼径的 5～5.4 倍。鮸鱼的眼睛较大，位于头前半部上侧，眼圈大，眼径略小于吻长，眼膜透明度高、红而明亮，眼间隔等于或大于眼径。鮸鱼的口大而微斜，上下颌约等长，口闭时上颌微突。上颌骨后延，伸达眼后缘下方。鮸鱼的吻短而钝尖，吻褶边缘游离成吻叶状，吻上中央具一小孔。上颌外齿为犬齿状，尤以前端 2 枚最大，内行牙细小，呈牙带。下颌内行牙扩大，也呈犬齿状，外行牙小，有带状牙群。鮸鱼的唇较厚，口腔灰白色。舌发达，游离。鮸鱼有 4 个颏孔，前方 2 孔细小，后方 2 孔呈裂缝状，呈弧形排列，没有颏须。鮸鱼的鳃孔很大，鳃盖膜与颊部不连接。前鳃盖骨边缘有细锯齿，鳃盖骨后上缘有 1 个扁棘。鮸鱼的两个背鳍连在一起，起点在胸鳍基部上方，较腹鳍的起点稍稍靠后，鳍棘部和鳍条部有一个较深的缺刻，背鳍前部的鳍棘上缘为黑色，后部鳍条的中央有一条纵行黑色条纹；胸鳍尖长，比腹鳍长，基部黄色，边缘黑色，胸鳍腋部上方还有一个暗斑；臀鳍长有 2 条鳍棘；尾鳍呈楔形，基部为黄色，边缘颜色稍浅。背鳍有 9～10 条鳍棘和 28～30 枚鳍条，第一鳍棘短小，第三鳍棘最长，约为眼径的 1.7～2 倍。臀鳍起点在第13～14背鳍鳍条的下方,长有 2 条鳍棘和 7 条鳍条;臀鳍的第二鳍棘细长,为眼径的1～1.3 倍。鮸鱼除吻部及鳃盖骨被小圆鳞、颊部及上下颌无鳞外,全身都长有栉鳞,鳞片细小,表层粗糙。各鳍基部长有小圆鳞,背鳍鳍条部及臀鳍的二分之一长有小圆鳞。尾部小鳞伸达尾鳍的中部。

2. 生活习性

鮸鱼喜栖息于混浊度较高、水深 15～70 米、底质为泥或泥沙的海区,白天下沉,夜间上浮,喜欢小股分散活动,不集成大群。鮸鱼能以鱼鳔发声,性凶猛。每年 4～5 月由深水区游向近岸作生殖洄游。该鱼为肉食性鱼类,食物以小鱼及小型底栖无脊椎动物为主。

3. 繁殖特性

鮸鱼生长快,性成熟个体的体长约为 50 厘米,怀卵量为 70 万～200 万粒。该鱼为小区域性洄游鱼类,产卵季节鱼群相对集中。不同地区的鮸鱼具有不同的繁殖期:在长江口外为 7～8 月,在舟山群岛为 5～6 月,在福建平潭沿海为 4～5 月。产卵后一部分鱼群重新游向摄食区,一部分游向较深的海区。

(二)养殖技术

鮸鱼能适应的温度和盐度范围都比较广,在浙江附近海域能自然越冬。鮸鱼生长快,经 2 年多养殖可达 3 千克以上。它们对网箱养殖的适应性比较强,既可在传统网箱中养殖,也可在深水网箱中养殖。鮸鱼在深水网箱中养殖具有生长快、养殖密度高、病害少、体形接近自然生长的鱼、品质好、价格高等优点,这也正是深水网箱养殖较传统网箱养殖的优势所在。其网箱养殖技术如下:

1. 鱼种放养

鮸鱼已实现全人工繁殖,繁殖时间为 9～11 月。鱼苗全长 3～6 厘米时,正是全年水温最低的冬季,这样的鱼苗直接在网箱里越冬,成活率较低。鱼苗一定要在海区网箱里越冬时,选全长 4 厘米以上的鱼苗在水流较小的海区放养,有助于提高越冬成活率。传统网箱养殖时,最好选择已越冬、体长 6 厘米以上的鱼苗;深水网箱养殖时,选择100~150 克的鱼种放养,养殖成活率较高。

在不逃鱼的前提下,网箱网目孔径要尽可能大,这样网孔不易被堵塞,可减少换网次数。传统网箱养殖时,若鮸鱼体长 6~10 厘米,则网目孔径为 1 厘米,放养密度为 50~60 尾/米³;若体长 10~18 厘米,则网目孔径为 2~3 厘米,放养密度为 20~30 尾/米³;若体长在 18 厘米以上,则网目孔径为 5 厘米,放养密度为 10~20 尾/米³。除了要根据鱼体大小及时更换网衣外,还要视网衣污损情况安排洗网或换网。深水网箱养殖时,100~150 克的鱼种体长大多在 18 厘米以上,直接选用网目孔径为 5 厘米的网箱进行养殖,挑选规格相近的鱼种,放养密度为 20~30 尾/米³,见下表。鱼种养殖至成鱼一般需一年半时间,期间没有特殊情况不需要换网。为了保证不破网逃鱼,最好挂2 层网衣。

网箱养殖鮸鱼放养规格与对应的网目孔径、放养密度参考表

网箱类型	苗种规格	网目孔径(厘米)	放养密度 (尾/米³)
传统网箱	6.0~10 厘米	1.0	50~60
	10~18 厘米	2.0~3.0	20~30
	>18 厘米	5.0	10~20
深水网箱	100~150 克	5.0	20~30

2. 饲料与投饵

鮸鱼为肉食性鱼类,可以用冰、鲜小杂鱼饲喂,也可以经驯化后摄食配合饲料。由于冰、鲜小杂鱼对水体污染重,不易保存,供应不稳定,建议从投放鱼种之初起就驯化其摄食配合饲料,可选用市场上的海水鱼鱼种饲料和成鱼饲料。起初投喂沉性颗粒饲料驯化鱼种摄食,待其能积极地到水面摄食时,改用浮性颗粒饲料或膨化饲料,便于观察鱼群摄食情况,避免饲料浪费。

鮸鱼配合饲料的日投饵率为 5%~8%,若投喂冰、鲜杂鱼,则投喂

量要适当增加。苗种规格小于 10 厘米时,每天投喂 3～4 次;大于 10 厘米时,每天投喂 2 次。投喂量还应视水温、摄食等具体情况做适当的调整。特别是在成鱼养殖的过程中,以给鱼吃八分饱为宜。

投沉性配合饲料或小杂鱼时,宜撒投,使鱼均匀摄食。浮性颗粒饲料或膨化饲料宜投喂在网箱中央,以防被风吹走或被水流带出网箱从而造成饲料浪费。投饵时掌握好"慢—快—慢"的节奏。

3. 日常管理

经常检查网箱安全状况,排除隐患。观察鱼群活动、摄食情况,发现异常要及时处理。清理死鱼和网箱中的杂物。当网箱中个体的规格出现明显差异时,要分析是否由于投饵不足或养殖密度过高引起,并进行分箱养殖。大风浪来临前加固网箱,必要时可给网箱加上盖网。对工作内容和天气、水质等做好详细的记录。

4. 混养

在养殖鮸鱼的网箱中,可混养少量鲷科鱼类,以清除网衣上附着的藻类。在养殖大黄鱼的深水网箱中混养鮸鱼,也有较好的效果。

5. 病害防治

鮸鱼在苗种阶段容易寄生刺激隐核虫或同时被弧菌感染。养殖过程要保证饲料营养全面,不投霉变饲料,保证网箱内水流畅通,减少鱼体应激。确保鮸鱼健康,才能有效抵御疾病侵袭。鮸鱼成鱼易寄生本尼登虫,用淡水浸泡鱼体 3～5 分钟,有明显的治疗效果。

6. 起捕和出售

鮸鱼个体越大,价值越高,通常个体生长至 3 千克以上时上市销售,价格较高。单个传统网箱中的鱼数量少,起捕简单,容易快速售完。深水网箱中成品鱼数量多,要争取整体出售。若分批捕鱼,劳动强度大,而且容易损伤鱼体,可一次性起捕后分养于小网箱中,便于分批出售。

十、
大弹涂鱼养殖

　　大弹涂鱼 *Boleophthalmus pectinirostris*（见彩色插页），俗称花跳、跳鱼，隶属于鲈形目、弹涂鱼科、弹涂鱼属，为暖水广温性、广盐性鱼类，分布于中国、朝鲜、日本、缅甸、越南等国的沿岸水域。在我国该鱼广泛分布于南北沿海潮间带滩涂及咸淡水池塘，盛产于浙江、福建、广东、海南、台湾等省沿海。大弹涂鱼虽然个体小，但其味道鲜美独特，营养极丰富，价值较高。据有关资料记载，大弹涂鱼含有常见的16 种氨基酸（其中 8 种为人体必需的氨基酸），具有很高的滋补强身之效。大弹涂鱼多为鲜食、清炖、油炸，也可烟熏干制成"弹涂鱼烤"，深受当地群众的喜爱。

　　由于大弹涂鱼对环境、温度、盐度等条件适应性强，需要的食物链短，故相对病害、敌害较少，既可活体长途运输，也易加工成干品储藏、保质、运销，生产成本低，具有养殖方法简易、营养成分较全面、经济价值高等诸多优点，是名特优养殖品种。20 世纪60 年代我国台湾省就已开始进行人工养殖。我国和日本佐贺县有明水产试验场曾进行过人工繁殖与育苗研究，然而到目前为止，还没有根本突破生产性育苗技术，其苗种仍依靠自然海区捕获。随着大弹涂鱼自然资源的急剧衰竭以及市场需求量的不断增加，20 世纪 90 年代我国东南沿海大弹涂鱼池塘养殖业逐渐兴起，其中以福建省尤其引人注目。近几年，福建沿海池塘养殖大弹涂鱼的面积已达 3 万多亩，如福建省福清市过桥山垦区大弹涂鱼养殖场在 1998～2002 年的养殖面积就达 2000～3000 亩，每年放养种苗量为 800 万～1000 万尾，种苗大都来源于浙江、福建、广东等自然海区的野生苗。2002 年福建省霞浦县大弹涂鱼的养殖面积达到 3500 亩，其种苗来自于福宁湾，年产商品鱼近 200 吨，产值超

1000 万元（市场售价 60～100 元/千克）。浙江省台州市 2000～2003 年人工池塘养殖的大弹涂鱼面积为 1000～2000 亩,其中温岭市为 500～800 亩,平均亩产商品鱼 50～100 千克,每亩效益达 3000～10000 元,最高亩产达 150 千克,每亩效益超过 15000 元。每年冬至到元宵节,我国东南沿海成为最大的大弹涂鱼销售市场,而且此时也是出售价最高(100～160 元/千克)的季节。

近年来,我国沿海各地掀起大弹涂鱼养殖的热潮,养殖规模不断扩大,养殖面积达 20 万亩。虽然土池半人工育苗和工厂化全人工育苗技术取得了一定进展,但产量还不稳定。目前养殖苗种还基本上依靠自然海区采捕。

（一）生物学特征

1. 形态特征

大弹涂鱼体色呈青蓝色,体长形,前部略呈圆柱状,后部侧扁。眼位于头部的前方,突出于头顶,两眼球颇接近。腹部大多愈合。胸鳍基部长,富含肌肉,弹跳力强,常能跳出水面运动。大弹涂鱼活动时胸鳍、腹鳍、背鳍、尾鳍均衡配合,且非常敏感、灵活,其外形结构见图 10-1。

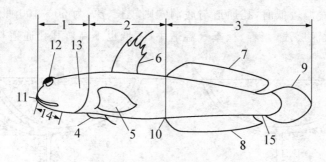

图 10-1　大弹涂鱼外形结构

1—头部;2—躯干部;3—尾部;4—腹鳍;5—胸鳍;6—第一背鳍;7—第二背鳍;8—臀鳍;9—尾鳍;10—生殖孔;11—口;12—眼睛;13—鳃盖;14—下颌;15—尾柄

2. 生态习性

(1) 栖息习性。大弹涂鱼是沿海暖温性小型鱼类,成鱼的最大个体长达 18～20 厘米,一般为 15 厘米左右。该鱼喜栖息于沿海有淡水注入的中低潮区沙滩、泥沙滩或咸淡水汇集的河口滩涂以及红树林区,能在泥(沙)滩或退潮时有水溜(水堀)的浅海滩或岩石上爬行,且善于翻滚和弹跳(跃),故名大弹涂鱼。大弹涂鱼平时匍匐于泥滩、泥沙滩上,当其受惊时,能够借助尾柄的弹力迅速跳入水中,或钻洞穴居,以防避敌害。大弹涂鱼能利用胸鳍、尾柄、尾鳍在水面、泥滩、泥沙滩、岩(礁)石上爬行或翻身滚动跳跃。由于皮肤及尾部是辅助呼吸器,故能较长时间露出水面自由自在地生活,对恶劣的水域环境的耐受力比一般鱼类强,并具有挖钻孔通道穴而栖息的习惯。其孔通道口往往有两个,一个为正孔口(也称为前孔通道口),是大弹涂鱼活动出入的主孔通道;另一个为后孔口(也称为副孔通道口),是其活动出入的支孔通道。这两个孔通道可畅通水流和空气,形状近"Y"形。通道的下半部处为扁盒形,是比孔通道大的道床(通常讨海人称为"弹涂眠床"),道床与涂面垂直向下的洞穴称为底洞穴(图 10 - 2)。孔通道、道床和底洞穴的大小、深浅度、宽度依底层泥土性质、一年四季环境冷热变化及大弹涂鱼自身个体的大小而异,若软泥层厚,当夏季气温较高或冬季气温较低时,孔通道与底洞穴则较长、深,为 50～100 厘米;反之,若软泥层浅,当春、秋季气温适中(不低也不高),其孔通道与底洞

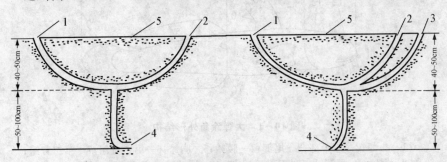

图 10 - 2 大弹涂鱼洞穴滩涂断面图(左侧为双孔洞穴,右侧为三孔洞穴)

1—正孔口;2—后孔口;3—副孔;4—逃生洞;5—滩涂涂面

穴则较短、浅，为 40～50 厘米。孔通道和底洞穴除供大弹涂鱼自由出入、活动及防避敌害外，也可回避恶劣的环境。扁盒形的"道床"是其静息室和产卵室。孔通道一般是独占性的。

（2）栖息环境。大弹涂鱼适宜的盐度为 10‰～26‰（比重约为 1.008～1.020），最适盐度为 10‰～23‰；适宜的水温为 18～31℃，最适水温为 20～30℃。当盛夏水温高达 32℃以上，深冬水温低于 14℃时，大弹涂鱼就会出现不适应感，躲藏于孔通道内、道床或底洞穴中，极少出来活动；若天气晴好时，大弹涂鱼也会出来摄食。若在中冬、冬末或早春水温低于 10℃时，大弹涂鱼则深居于底洞穴中，进入越冬休眠状态。

（3）食性。大弹涂鱼以底栖硅藻和有机碎屑为主食，兼食蓝藻。在退潮时的浅滩、排水后的池滩及排水沟底部或沟的两侧，尤其在阳光下常看到其取食底栖硅藻和有机碎屑的情形——即下颚接触土表面，像犁田似的把头左右摆动，爬行前进而刮食底栖硅藻。体表晒干时爬入水洼中翻滚，然后再爬出继续摄食。其营养级低，食物链短，属于植物性底栖鱼类。

3. 繁殖习性

大弹涂鱼雌雄异体。大弹涂鱼肝脏所占的比例较大，性腺发育成熟的个体从腹部外观上看均较肥胖，性别不易判断，唯一的识别方法是仔细观察它的生殖孔（排泄孔）。若其为红肿状突出，大而呈钝圆形，则为雌性；若其狭小、延长，呈尖形，则是雄性。雌性鱼（亲鱼）成熟的卵巢呈黄色，卵为黏性卵；雄性鱼有两条精巢，呈淡红色，位于腹部两侧。浙南沿海大弹涂鱼的繁殖期为 6～8 月，繁殖盛期是 7 月，池塘养殖的大弹涂鱼的繁殖期往往要比自然海区略迟些。性腺发育成熟的大弹涂鱼产卵活动比较特殊，雌鱼与雄鱼配对进入孔通道的道床（产卵房）上产卵、排精。受精卵经过 4～6 天孵化出膜变成仔鱼，仔鱼期靠自身卵黄营养存活，口器形成时开始摄食微型浮游生物及微型有机碎屑。随着仔鱼不断变态成长，鱼体表变灰黑色时逐渐摄食底栖硅藻、有机碎屑。当幼苗体长近 2.0 厘米时，就开始像成鱼一样摄食底栖硅藻、有机碎屑、桡足类等微型动植物性饵料，营掘洞穴居生活。

（二）苗种培育

迄今为止，大弹涂鱼养殖的苗种大多还是从自然海区采捕获取的。随着各地养殖生产规模的不断扩大，苗种的需求量也越来越大，这就迫切需要通过人工繁育的途径加以解决。人工育苗是现在和今后相当长的时期内大弹涂鱼养殖业健康、稳步发展的关键。当前，大弹涂鱼的苗种繁育有两个趋势，即一个为土池（塘）半人工育苗，另一个为水泥池工厂化全人工培育。但就目前的技术水平和生产条件来看，前者技术和生产条件较为成熟，后者难度较高，至今还有一些关键性技术尚未突破。这里仅介绍大弹涂鱼苗种池塘半人工繁育（也称土池育苗）技术。

1. 池塘条件

（1）池塘底质。池塘底质要求以软泥质或软泥沙质为宜。

（2）池塘面积。池塘面积为 1～5 亩均可，较小的池塘便于操作及日常管理。

（3）池塘堤坝。堤坝高度应视塘内池与塘外池而定，塘内池高一般为 0.5 米以上。基部宽 3 米以上，顶部 1 米以上，堤顶内侧四周需 1 米多高的安全装置（也称防逃、防有害物设施），可选用 20 目的筛绢网布拼制、绕接而成，以竹竿或木条固定，防止大弹涂鱼逃逸和有害生物进入池内。

（4）池塘沟滩。池塘沟滩可分为池边沟和滩面沟两部分。一般池边沟应紧靠池堤四周开挖，宽 1.5 米、深 0.4～0.5 米，沟的宽度与深度应略大于滩面沟；滩面沟宽 1.0 米、深 0.3～0.35 米，每条沟间隔 2.0 米开挖，并要求沟沟相通。沟底必须向池塘排水口方向倾斜，以便于换水与收集鱼苗。此外，需将已划分成数块的坪（埕）面整平。

（5）进排水口。进排水口可按池堤对角的形式或"中对中"的形式开设，要力求调控、管理、操作方便，进水能进满，排水能排干（不留死角）。进排水口要设置拦网（网眼 80 目以上），便于过滤水和防苗逃逸。

（6）产卵器。产卵器可选择陶瓷圆柱形管。陶瓷管的直径一般为 10 厘米,长度为 50 厘米,水平放置于预先挖好的池沟中,每隔 2 米放置 1 个。放置陶瓷管时,要将光滑的一侧朝下,粗糙的一侧朝上,便于受精卵黏附其上。

2. 清池与底栖硅藻培养

(1) 清除敌害。应在池塘建好后提前 15~20 天清除敌害,一般在 4 月下旬至 5 月上旬进行。带水清池的用药量:撒施生石灰 70~80 千克/亩或漂白粉 10~12 千克/亩。总之,以能够杀尽有害生物为度。

(2) 培养底栖硅藻。待药物清池一周后,先将池水排干,再在坪面上撒施米糠,每亩用量为 40~50 千克。要撒施均匀,切不可堆积。撒施好后再纳入海水,保持池坪面水位 5~10 厘米,使阳光照射时池坪、池沟有足够的受光度,以促进水面及坪面有益藻类(浮游藻类与底栖硅藻)繁殖。对于新建造的大弹涂鱼苗种繁育池塘,可撒施经过发酵、消毒、粉碎后的农家肥料(如鸡、猪粪粉与米糠粉),每亩撒施鸡、猪粪粉 40 千克+米糠粉 20 千克,可增强肥效,加快藻类的培养与繁殖。若天气晴朗,光照充足,3~5 天后浮游藻类及坪面的底栖硅藻就能很好地繁殖起来。

3. 亲鱼选优与投放

(1) 亲鱼选优。亲鱼的质量直接影响入池培养的存活率、繁殖率等,所以在放养前必须对亲鱼进行筛选。选取的鱼应鱼体健壮,富有光泽,无病变,眼球、胸鳍、背鳍、尾鳍完整,无机械性损伤、鱼鳞剥落、皮肤发红及吐血水等现象,活动、爬行、弹跳、展鳍、翻滚能力强,灵敏度高,个体均匀,体表湿润。以雌鱼体重 24~26 克、雄鱼体重 20~22 克的大弹涂鱼作为亲鱼为佳。

(2) 投放时间。根据各地气候环境的差异,繁殖期一般为 4~9 月,浙江南部沿海自然海区大弹涂鱼的繁殖期是 6~8 月,繁殖盛期为 7~8 月。池塘养殖大弹涂鱼的繁殖期为 8 月上、中旬,比自然海区滩涂生活的大弹涂鱼要稍晚些。因此,亲鱼的放养时间以 5 月中、下旬为佳。

(3) 雌雄配比。因为大弹涂鱼在繁殖期是一雌一雄成对繁殖的,所以雌雄配比以 1：1 为宜。

（4）投放密度。大弹涂鱼亲鱼的放养密度不能高也不宜低，一般以 2～3 尾/米² 为妥。

4. 亲鱼培育管理

当亲鱼入池后，必须及时进行培育管理。亲鱼摄食的饲料主要为池坪面上的底栖硅藻和有机碎屑。亲鱼入池半个月后，池内硅藻数量将大大减少，需要通过人工施肥培养、繁殖硅藻（饵料）。其方法：排放池水（保留沟中积水深 0.2～0.3 米），露出坪面，进行晒坪（注意排水干露晒坪，必须关注当地气象预报，如遇阴雨等坏天气，不能晒坪，以防坪面上的藻床被雨水冲掉），待晒数日坪面龟裂时，然后撒施米糠作追肥，亩用量 20 千克。撒施时既不能堆积在一处，也不能投撒到大弹涂鱼亲鱼穴居的孔通道（洞）口上，一定要均匀，并且要适时进水，确保池坪水位 5～10 厘米，以利于底栖硅藻繁殖；也可带水施洒尿素和过磷酸钙作追肥，亩用量为尿素 1.5 千克、过磷酸钙 0.5 千克，同样能起到培养底栖硅藻的作用。

除加强施肥培养池坪面底栖硅藻外，在基本保持池水水位不变的情况下，还需调节水为微流动状态，以促使大弹涂鱼亲鱼的性腺正常发育成熟。

5. 产卵与孵化

土池中的亲鱼约经过 15～30 天精心饲养，性腺已陆续发育成熟，开始进入产卵期。根据大弹涂鱼亲鱼产卵、排精活动的特殊性，让雌、雄配对在孔通道与底洞穴之间的侧边道床（产卵室）中或人工设置的陶瓷管（产卵器）中排精、产卵。由于每尾亲鱼的性腺发育成熟期不一致，所以同一池塘内的亲鱼产卵时间可延续半个月以上。一般情况下，在整个产卵孵化期间不换水，只适量添加水，以保持水质清新、溶氧量丰富。在土池水温 24～28℃、盐度 20‰～25‰ 的正常情况下，受精卵经过 3～5 天便可陆续孵化出仔鱼（幼鱼苗）。

6. 鱼苗培育

刚孵化出来的仔鱼全长为 0.25 厘米左右，以卵黄维持生命；5 天后,仔鱼生长至全长 0.35～0.40 厘米时,开始摄食微型浮游动物、有机碎屑微颗粒、拟铃虫、贝类担轮幼体、酵母、有益细菌等;鱼苗生长至全长 0.5 厘米左右时,能摄食轮虫和小型桡足类幼体;鱼苗从0.5 厘米生长至 1.5 厘米阶段,以摄食动物性饵料为主,植物性饵料为辅。动物性饵料如轮虫、桡足类幼体、丰年虫(卤虫)无节幼体等;植物性饵料如小型藻类及底栖硅藻等。当鱼苗生长到全长 2.0 厘米左右时,已进入钻洞穴居的生活,此时转食底栖硅藻为主,兼食桡足类和涂泥中的有机碎屑。

培育初期,鱼苗除摄食池塘水中的浮游生物外,宜人工投喂适量豆浆作辅助饵料,日可投喂 1～2 次,以补充池塘中大弹涂鱼苗天然饵料生物的不足。

在苗种培育过程中,一般前期不换水,只适量添加水,待池坪面水位深超过 0.3 米时,开始少量换水,换水前必须在进排水口安置拦护网设施,以防排水时鱼苗外逃和进水时有害生物进入。中、后期的添水、换水要根据本池塘水质、底质变化情况灵活进行,池坪(滩)面的水位深度应控制在 0.3 米以下。

鱼苗培育期间,每月应施追肥 2～3 次,以促进池坪面底栖硅藻和池水中浮游生物繁殖,确保满足亲鱼与鱼苗摄食生物饵料的需求。注意:每次施追肥后的 3 天内不能换水。每次施肥、追肥的用量:尿素为1.5 千克/亩,过磷酸钙为 0.5 千克/亩;若用米糠作追肥,为 10 千克/亩。

大弹涂鱼苗种池塘(土池)繁育,除认真做好上述各项工作环节外,还必须加强日常管理。要经常对亲鱼健康及性腺发育情况进行观察,一旦发现病鱼及有害物,应及时捞除;要经常检查鱼苗培育密度,观察鱼苗的活动、摄食与生长情况,观察池水中浮游生物及底栖硅藻生长繁殖状况和数量变化,适时调节。若发现池水中及池坪面饵料生物不足,难以确保鱼苗正常生长摄食时,要及时施加追肥,以保持肥水饵料生物的再生,或人工适量投喂豆浆、蛋黄、虾片、轮虫、卤虫、桡足类等。

一般孵化出来的仔苗,经过 2 个月左右的精心培育管理,鱼苗生

海水鱼类养殖技术

长至全长 1.5 厘米以上时，即可出池转入成鱼塘（池）进行养殖，也可在原池继续培育至大苗（若原池培育密度偏高，可分池进行）。

（三）池塘养殖

目前大弹涂鱼池塘养殖比较成功的模式主要有滩涂、抛荒盐碱池、低产盐田、低产橘园、老虾塘等建造或改造而成的"连片格子化若干口池组合规模养殖"与"零星单池、双池单养"、"虾塘混养"等几种。在养殖方式上，选取大规格（鱼体全长 5 厘米以上）鱼苗，半年期养成商品鱼；也可选取小规格（鱼体全长 3～4 厘米或 3 厘米以下）鱼苗，一年期或半年期养成商品鱼。虽然这几种养殖模式和方式有所不同，但养殖的技术、方法基本相似，可通称为"池塘养殖"。

1. 养殖场选址

四周无工业污染源（特别是油污、有毒废水、农药、脏物等）排入，且常年有适量淡水注入，海水比重适中，营养盐丰富，水质肥沃，潮差大，以风平浪静的内湾中高潮区为宜；滩涂平坦且有一定的比降坡度（一般为 1∶1000），为泥质或泥沙质黏性土结构；适宜底栖藻类繁殖和大弹涂鱼生活、生长，并有利于修建牢固的池堤（池坝）；供水、供电有保障，交通便捷。

2. 池塘条件

（1）池塘面积。每口池面积以 1.5～15 亩为宜，一般以 3～5 亩或 6～8 亩池居多。若池塘面积过大，则日常管理不方便，且难以一次性放足种苗；若过小，则不利于大弹涂鱼栖息生长。

（2）池塘结构。大弹涂鱼养殖池与其他鱼、虾、蟹养殖池类似，池底滩涂应高于低潮线，且平坦。池底、池沟须略向闸门出水口倾斜，以便于进水、排水搁池晒底滩（池坪）、施肥培植底栖硅藻；池中挖有深0.3 米左右的"十"字形中央沟和环沟，沟宽 1～2 米，中央沟连接闸门，以利于进排水调控。每口池子应设置进排水控调闸各一座，闸门内侧略挖深成为深潭，供收获时设置吊网。堤边或池中滩设一条 1～2 米宽、连接闸门处的深沟（一般为 20～50 厘米深），以利于进排水调控。

96

底滩土质以较软的黏性土为佳,以利于大弹涂鱼钻洞穴建孔通道、进出入活动和藻类培养、繁殖;松壤土则次之。四周池堤应构筑牢固,有条件的最好在池堤内坡另加设一道拦围网或其他防逃设施,以防大弹涂鱼逃逸及敌害生物侵入。

3. 放养前准备工作

大弹涂鱼主要以底栖硅藻为食,其次是蓝绿藻和有机碎屑,一般不直接摄食米糠、豆饼粉、花生饼粉粒与鱼浆等动物性饵料,也未发现互相残食现象,唯独良好、足够的可供其摄食的藻类,才能促使大弹涂鱼正常生活和快速健康生长。故如何有利于池底、滩面藻类繁殖,是每位养殖生产经营者需想办法解决的首要问题。因此,在放养前必须做好"清池、晒池、整滩、消毒、除害、施肥"六大常规工作,以培植基础饵料。

(1)池塘修整。按照大弹涂鱼养殖池结构特点,整理好滩面,理顺沟渠系统,修补堤岸,堵塞漏洞,设置防逃设施。在滩面设立水位标志竿,以准确控制水位。

(2)清塘。在放养之前1～2个月,做好清塘消毒工作。用浓度为375～500毫克/千克的生石灰或浓度为30毫克/千克的漂白粉(有效氯为32%)消毒,清除池内敌害生物。

(3)培养底栖硅藻。经过多年养殖的老鱼虾塘(池),有机沉积物较多,投施基肥量宜少不宜多,一般在池底滩暴晒至龟裂后,每亩撒施米糠20～30千克,注水5～10厘米,过几天后即可放苗养殖。对新建成的鱼池,每亩应施加经堆放发酵消毒过的干鸡粪、猪粪粉40～50千克,具体操作应视本地的实际情况做适当调整,水深以2～8厘米为宜。另可用大弹涂鱼养殖专用"跳鱼饲料"——硅藻复合培养基,以培养底栖硅藻,具体使用量与方法见其说明书。

4. 苗种运输与放养

(1)放养时间。一般可分为春夏与夏秋两季。若于春夏季进行养殖,则放苗期以4～5月为佳;若定于夏秋季养殖,则放苗期应以6～9月较宜。

（2）苗种质量与鉴别。首先，要识别真假大弹涂鱼苗，把混杂的鱼苗挑出去。大弹涂鱼与其他几种相似的弹涂鱼鱼苗的主要特征见下表。其次，要把受伤、鳞片不全的和有寄生虫的鱼苗挑出去。

大弹涂鱼与其他弹涂鱼的主要特征区别

名　　称	第一背鳍鳍棘数（条）	鳞片
大弹涂鱼	5	有细鳞片
弹涂鱼	12～17	有细鳞片
大青弹涂鱼	5～6	无
青弹涂鱼	5～6	无

养殖用的大弹涂鱼苗种质量要求：以鱼体眼部眼球、胸鳍、背鳍、尾鳍完整无损缺，无机械性损伤，无细鳞脱落、发红、吐血水现象，体表湿润，色泽鲜明，个体大小匀称，灵敏度高，活动、爬行能力与弹跳力强，无病变的健康壮苗为佳。

（3）苗种运输。大弹涂鱼苗种除自身质量合格外，还要做好途中运输保质工作。对全长 1～3 厘米的小规格人工培育幼苗，一般采用聚乙烯制成的塑料薄膜袋，先每袋装水 1/3，然后放入鱼苗，充足氧气，扎紧袋口不漏气，放置于泡沫箱或纸板箱内，粘贴胶带封箱，上车排列整齐，可长途运输。每袋装苗量为 4000～6000 尾，运输 48 小时，存活率一般在 95％以上。若是全长 4～5 厘米的大规格自然苗种，可以像装运成鱼上市销售一样的方法（详见第 103 页"活鱼运销"相关内容）进行，运输 48 小时，其存活率也可达到 95％以上。

（4）放养密度。要根据实际生产、环境条件与养殖模式等因素灵活掌握。一般全长 1～2 厘米的小规格幼苗，亩放苗量 10000～15000 尾；3～4 厘米的中规格苗种，一般亩放苗量 6000～8000 尾；若是全长 5 厘米以上的大规格鱼苗，亩放苗量 3000～5000 尾。人工养殖的大弹涂鱼，一般鱼体全长达 5～10 厘米时，是其生长速度最快的阶段，而后趋向缓慢。由于大弹涂鱼渐渐长大，又有掘洞、钻洞、穴居的生活习性，所以不易捕捉，放养后也较难再进行分养。虽然在池塘养殖生产中,未曾发现大弹涂鱼有相互残杀的现象,可以陆续投苗放养,但生长个体不均匀,最好能在短时间内将苗种放足。养殖密度过高,会使池塘内藻类供应不足,导致大弹涂鱼生长缓慢,最终使商品鱼个体偏小,规格不均匀,瘦而质量差,产量不高,成本增大,效益降低。

5. 养成管理

(1) 施肥培饵。自放苗后,经过一段时间(约 15 天)饲养,池坪、池沟饵料生物(底栖硅藻)几乎被摄食光,水质开始变混浊,此时需启闸排水,搁池晒坪,施肥,以促使底栖硅藻(生物饵料)繁殖。施肥用量与放苗前的施基肥量相当。如新池塘可撒施米糠 25~30 千克/亩,或施麸皮 20~25 千克/亩;老池塘可撒施尿素 1.5 千克/亩、过磷酸钙 0.5 千克/亩。通过排水、晒池、施肥、控水等有效措施,可使池内藻类(饵料生物)稳定繁殖,确保大弹涂鱼有足够的可摄食的饵料。刚放养不久的小鱼活动能力不强,掘钻的孔通道较浅,一般须经过 40 多天养殖,待个体全长至 5 厘米以上时,则开始挖掘深的孔通道。这时若发现底栖硅藻减少或几乎被摄食完了,要适时再培养。可选择晴天,排掉池水露滩(坪),仅在池沟处留少量积水,搁坪晒底滩 3~5 天。当底滩涂面(坪面)硬化龟裂时,即可进行施肥肥水,促使底栖植物性藻类繁殖。施肥用量应依据不同的肥料与池塘底栖藻类的多寡而灵活掌握。若以米糠作追肥,则通常亩用量为 20 千克左右,要均匀投撒后进水 5~10 厘米;也可以在排水后池底滩坪面还软湿时进行施肥,使米糠与滩涂表层泥润湿结合,然后晒至龟裂时,注水 3~10 厘米,2~3 天后,附着性藻类将迅速繁殖起来。若施粪肥或其他液肥,要特别注意勿使多余的液状粪肥直接流到孔通道内而导致意外出现,影响大弹涂鱼的正常生活,甚至造成不应有的死亡损失。

(2) 水质调节。大弹涂鱼为广温性、广盐性鱼类,对海水盐度要求不高,喜欢在咸淡水水域生活。放养初期,在鱼苗还没钻洞较深之前,为防止水温变化幅度太大,池水应保持 15 厘米左右,中央沟或环沟水深应保持 40 厘米左右。培育 45 天后,个体全长达 5 厘米以上时,鱼打洞较深,水位保持在 5~10 厘米。大暴雨后,为防止池水盐度过低,要及时换水。久旱季节,为防止盐度太高,应及时逐渐加入淡水,以降低盐度。

(3) 巡塘。每天观察鱼的摄食情况、底栖硅藻的生长状况、鱼钻洞穴居状况,随时做好防逃、防盗、防淡水、防敌害等工作,发现问题及时采取措施。

(4) 保温防寒。为确保养殖的大弹涂鱼安全过冬,每到冬季要提高养殖池水温。可在天晴风平浪静、退潮时,进行排水晒池,以利于升温、增温、保温。若遇阴天寒流侵袭时,则应尽可能多注入清洁海水,以保持池内有一定的蓄水量(水深可达50厘米以上)。当水温下降至14℃以下时,大弹涂鱼已全部穴居,很少出来索食,此时要做好大弹涂鱼安全过冬工作,确保池内坪滩底洞穴温度正常。

(5) 清除敌害。由于大弹涂鱼个体小,容易受到有害生物危害,因此要求在整个养殖生产过程中,除了做好各方面的日常管理之外,还要重视对敌害生物的清除。通常除害内容如下:

① 鱼害。一些鱼类会寻食大弹涂鱼的幼苗,如海鳗、沙鳗等会捕食放养不久的幼苗,致使其存活率降低,故在未放养前必须彻底清除或在放养后结合排水晒池坪时清除。每次进水时,要防止有害生物进入。

② 鸟害。鸟害有白鹭、野鸭、红嘴鸥、海鸥等,一般采用驱赶、惊吓的方法。对小面积池塘,可设置防护网进行防护。

③ 蟹害。一些小型蟹类不但会与之争饵(摄食底栖藻类),而且还会捕食大弹涂鱼。当大弹涂鱼误入蟹洞时,常被凶猛的蟹类捕杀充饥。小型蟹类有时也会侵入大弹涂鱼洞穴捕食大弹涂鱼。池塘周围可选用塑料板(或网片)密围以防池外蟹类爬入。池内的蟹类可在排水晒池时,用无毒高浓度的杀蟹剂灌入蟹洞中,封堵住洞口杀灭,或傍晚用灯光照捕清除。

④ 海螺及多毛类动物。玉螺、波罗囊螺、泥螺、裸蠃蜚、沙蚕等,虽然不直接危害大弹涂鱼的生长,但间接的危害也不轻。它们能大量觅食底栖藻类,与大弹涂鱼争食,所以必须清除。可在放养前搁池晒池时使用0.35毫克/千克贝类杀驱剂除杂;或用生石灰25毫克/千克、漂白粉2~3毫克/千克全池撒投清除。

⑤ 青苔。青苔长在泥滩中,多发于天气转暖后的浅水滩(坪)。当衰老时大量苔丝死亡,在池底断离并形成乱丝,缠绕鱼苗致使其死亡。它还大量消耗水中营养,使池水变瘦,影响底栖硅藻正常生长。青苔可人工拔除,也可以在放养前用生石灰清除(用量与杀灭海螺相同)。

(6)病害防治。大弹涂鱼对环境适应能力较强,一般不易得病,在疾病防治上通常遵循"预防为主,治疗为辅"的原则。

① 苗种消毒。在放养前把好苗种消毒关,可用 1.0~1.5 毫克/千克聚维酮碘溶液将鱼苗浸泡 5~10 分钟后入池(塘),以避免病菌从苗体中带进。

② 细菌性疾病。病鱼腹部肌肉腐烂,鳍条变红。阴雨天可通过全池泼洒溴氯海因加以治疗;晴天可排干池水,将池坪(滩)、池沟暴晒 1~3 天,然后纳入新鲜水,保持坪面水位 1~2 厘米。或用五倍子熬出液全池泼洒,也有较好的疗效。

③ 寄生虫病。病鱼鳃部、鳍基部、排泄孔等处有寄生虫,可选用美曲膦酯(敌百虫)0.5 毫克/千克全池泼洒,有较好的效果。

④ 营养素调节。常用营养素有米皮糠(大米皮)、麸皮、有机肥(经发酵消毒过的家禽、家畜粪肥)、无机肥(尿素+过磷酸钙),也可泼洒少量硅藻酸盐和三氯化铁、EM 原露等。内服可用"信维它",用量为每千克饵料掺入 1~2 克"信维它",全池均匀撒投,可增强大弹涂鱼的抗病力。

(7)日常管理。加强早晚巡池检查工作,做好日常管理记录,并健全档案记录。一旦出现问题与工作失误,便于及时查找和分析。

(四) 收获

1. 成鱼收捕

当大弹涂鱼个体生长至 20 克以上时,已达到活体上市出售和加工成鱼干销售的商品规格,此时即可收捕。收捕方法有诱捕法、钓捕法、挖捕法三种。

(1)诱捕法。

① 插篓笼诱捕法。先排干池水,露出池底滩(池沟留水),然后从

滩面(坪面)上寻找到大弹涂鱼前主孔通道口和支孔通道口,在其前主孔通道口较宽处做好控制(将捕鱼篓笼口插合上),并做好标记,再把后支孔通道口用硬泥团封塞住,使大弹涂鱼只能从未被封堵、开放着的前主孔通道口出来,诱入鱼笼中取之。约每相隔半小时收获1次,然后再换新进出孔通道口,依次收捕。

② 插竹筒诱捕法。这种诱捕法与插篓笼诱捕法相似,且略比插篓笼诱捕法简便。在滩(坪)面上寻找到大弹涂鱼前主孔通道口,将口径为4～5厘米、长为30～40厘米的竹筒全部垂直插入主孔通道口,留有竹节的一头朝下,然后在竹筒的上口,选硬一点的泥团,用手指头做成与原孔通道口相似的假口,让大弹涂鱼从后支孔通道口出来活动。在弹涂鱼往前假主孔通道口而被诱入竹筒内时,用手拉(拔)起竹筒取之(但要注意竹筒内不能注入水)。每次收获的相隔时间与篓笼诱捕法一样,约半小时,依次进行。

③ 吊网诱捕法。此法除冬季及早春无法采用外,其他季节均可选用。这种诱捕法是利用大弹涂鱼溯水的习性,先将池水排至几厘米深或全池排干露滩,然后设置吊网于注水口(闸门)处,利用涨潮进(纳)水,使其溯水集群诱入吊网内时,一手拉动网绳升起吊网而捕获(浙江可在晚春及夏、秋季运用此法,冬季低温则不宜)。

(2)钓捕法。先将池水在退潮时排掉,露出池坪面(底滩面),趁大弹涂鱼爬出孔通道口、分布在坪面上活动、翻滚弹跳、爬行索饵摄食时,钓鱼人腰腹前系着盛鱼器(通常用竹子编制成的笼),手持钓具(一种用竹竿、钓线、钓钩组成全长8米左右的工具,俗称"弹涂鱼钓")进入池坪。钓鱼人身子略向前倾,脚尖先陷踏入泥,待站稳后,左右脚协调配合前进,力求做到轻移无声音,眼睛目视前方在池坪上活动的目标(大弹涂鱼),将钓竿尖与钓线、钓钩系在一起的一端对准目标,有力地腾甩(抛)至距被钓物10～30厘米处,让钓钩着坪拖扎住钓物(大弹涂鱼的头胸部),悬空抽转回胸腹前取鱼装入鱼笼,先后以相同的操作姿势周而复始地钓取(这种捕法宜在晚春及夏、秋季进行)。

(3)挖捕法。一般是对池内大部分商品鱼,由诱捕法收捕的剩下较难继续诱捕的小部分,必须及时收捕完时,采用该方法较妥。收捕前,先排干池中积水,露坪(滩)、露沟,然后捕鱼者通常带上两件挖捕用具(一件是铁制或铝合金制成的板锄,有木柄作运作把手——俗称弹涂捞;另一件是竹制篾笼或塑料桶,作为盛鱼器)下池。在池坪面及池沟两侧寻找到大弹涂鱼孔通道口,双手握住弹涂捞对着孔通道口挖洞穴,大弹涂鱼跳出来后速用另一只手捉住装入笼(桶)中,依次进行挖捕。这种捕法的优点是可常年进行并能捕捉完,其不足之处是机械性受伤鱼较多,保活期短,应及时活体上市出售或投料加工成鱼干保质销售。

2. 销售

目前大弹涂鱼的销售方法有两种:一种是收捕活鱼运销,另一种是加工成熟干品销售。

(1) 活鱼运销。其方法简便,容易掌握。当大弹涂鱼从池塘收捕上来后的第一天,放入盛有咸淡水搭配适中的木桶(或无毒塑料桶)内进行暂养,进行清洁排污处理。第二天将已通过8~24小时暂养排污处理过的大弹涂鱼带水倒入篾箩(或绷紧的网筛)上,用洁净的淡水冲掉鱼体污物后,将大弹涂鱼放到洁净的桶内,再加入配好的适量咸淡水(以桶内水漫过鱼体为度),保持合适的温度,即可保质长途运销。

推销员装运大弹涂鱼时,最好先用特制的圆形筛盘,其盘规格为直径80厘米、深度20厘米。先在盘底部铺设上一层不漏水的塑料薄膜布,膜布的周边比盘底大一些,摊铺的薄膜布边要紧贴筛盘壁,加少量配制好的咸淡水(比重为1.008~1.010),再把大弹涂鱼放入。然后将数个筛盘重叠起来,用塑料绳子扎住,装车即可运输。通过这种方法包装后,不但可以采取专用车运输,而且也可以在各地的汽车客运站办理随货同行长途运销。通常运输2~3天,其存活率还能达到95%以上,且质量上乘而深受国内外消费者青睐。

(2) 加工销售。一般对捕捞受伤或刚死且肉体完好的鲜鱼部分投料加工成熟干品保质销售。经加工后的大弹涂鱼干品,不但能从滞销鱼变为畅销货,保质期更长(一年以上),便于长途运输储藏,而且肉质更鲜美、香气更浓厚,是深受城乡消费者喜爱的特色产品。因其加工设备简单,且方法简便、易掌握,一家一户都可进行,所以在20世五六十年代大弹涂鱼加工成熟干品在浙江东南沿海比较流行。通常的加工方法：先将要进行加工的料鱼清洗干净，搁置于箩筐上，然后用略扁平直、一头削尖的竹片（长 20～30 厘米）将放置在箩筐上的料鱼从侧鳍上方的头鳃部刺入鱼口穿出，刺穿成排列整齐的"鱼串"（每串约 5～10 尾鱼），先后搭置在准备好的炉（灶）上烧烤。注意把握火候，待鱼肉烤熟时，再将一串串"鱼串"摆放到木砧板（竹砧板或不锈钢制板）上，用镰刀形压具压扁，转入晒筛晒干或烘箱烘干，冷却后装入有标记的食品袋内密封即成。装入袋的大小规格和产品装量应视市场需求而定，大一些的袋子能容 500～750 克，小一些的袋子能容 100～250 克。途运、储藏、销售入箱的包装大小也应按市场需求变化灵活确定，一般每箱（纸板箱、泡沫箱等）能装 10～50 包。在加工、包装、储运、销售过程中，应讲究食品安全与卫生，装箱后必须用无毒胶布密封，能保质 12 个月以上；若冷藏，则保质期更长。

除本书所介绍的养殖品种外，还有黄姑鱼、中华乌塘鳢、鲻鱼、条石鲷、赤点石斑鱼、褐菖鲉、斜带髭鲷等海水鱼品种，见彩插。由于篇幅原因，其养殖技术等内容从略。

附　录

（一）渔业水质标准（GB 11607—1989）

项　目	标准值
色、臭、味	不得使鱼、虾、贝、藻类带有异色、异臭、异味
漂浮物质	水面不得出现明显油膜或浮沫
悬浮物质	人为增加的量不得超过 10 毫克/升,而且悬浮物质沉积于底部后,不得对鱼、虾、贝类产生有害的影响
pH	淡水 6.5~8.5,海水 7.0~8.5
溶解氧	连续 24 小时中,16 小时以上必须大于 5 毫克/升,其余任何时候不得低于 3 毫克/升。对于鲑科鱼类栖息水域,除了冰封期外,其余任何时候不得低于 4 毫克/升
生化需氧量(5 天、20℃)	不超过 5 毫克/升,冰封期不超过 3 毫克/升
总大肠菌群(个/升)	不超过 5000(贝类养殖水质不超过 500)
汞(毫克/升)	≤0.0005
镉(毫克/升)	≤0.005
铅(毫克/升)	≤0.05
铬(毫克/升)	≤0.1
铜(毫克/升)	≤0.01
锌(毫克/升)	≤0.1
镍(毫克/升)	≤0.05

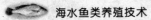

项　目	标准值
砷（毫克/升）	≤0.05
氰化物（毫克/升）	≤0.005
硫化物（毫克/升）	≤0.2
氟化物（以 F⁻ 计）（毫克/升）	≤1
非离子氨（毫克/升）	≤0.02
凯氏氮（毫克/升）	≤0.05
挥发性酚（毫克/升）	≤0.005
黄磷（毫克/升）	≤0.001
石油类（毫克/升）	≤0.05
丙烯腈（毫克/升）	≤0.5
丙烯醛（毫克/升）	≤0.02
六六六（丙体）（毫克/升）	≤0.002
滴滴涕（毫克/升）	≤0.001
马拉硫磷（毫克/升）	≤0.005
五氯酚钠（毫克/升）	≤0.01
乐果（毫克/升）	≤0.1
甲胺磷（毫克/升）	≤1
甲基对硫磷（毫克/升）	≤0.0005
呋喃丹（毫克/升）	≤0.01

(二)无公害食品 海水养殖用水水质(NY 5052—2001)

项 目	标准值
色、臭、味	海水养殖水体不得有异色、异臭、异味
大肠菌群(个/升)	≤5000,供人生食的贝类养殖水质≤500
粪大肠菌群(个/升)	≤2000,供人生食的贝类养殖水质≤140
汞(毫克/升)	≤0.0002
镉(毫克/升)	≤0.005
铅(毫克/升)	≤0.05
六价铬(毫克/升)	≤0.01
总铬(毫克/升)	≤0.1
砷(毫克/升)	≤0.03
铜(毫克/升)	≤0.01
锌(毫克/升)	≤0.1
硒(毫克/升)	≤0.02
氰化物(毫克/升)	≤0.005
挥发性酚(毫克/升)	≤0.005
石油类(毫克/升)	≤0.05
六六六(毫克/升)	≤0.001
滴滴涕(毫克/升)	≤0.00005
马拉硫磷(毫克/升)	≤0.0005
甲基对硫磷(毫克/升)	≤0.0005
乐果(毫克/升)	≤0.1
多氯联苯(毫克/升)	≤0.00002

(三) 无公害食品 水产品中渔药残留限量(NY 5070—2002)

药物类别		药物名称		指标(MRL) (微克/千克)
		中文	英文	
抗生素类	四环素类	金霉素	chlortetracycline	100
		土霉素	oxytetracycline	100
		四环素	tetracycline	100
	氯霉素类	氯霉素	chloramphenicol	不得检出
磺胺类及增效剂		磺胺嘧啶	sulfadiazine	100(以总量计)
		磺胺甲基嘧啶	sulfamerazine	
		磺胺二甲基嘧啶	sulfadimidine	
		磺胺甲噁唑	sulfamethoxazole	
		甲氧苄啶	trimethoprim	50
喹诺酮类		噁喹酸	oxolinic acid	300
硝基呋喃类		呋喃唑酮	furazolidone	不得检出
其他		己烯雌酚	diethylstilbestrol	不得检出
		喹乙醇	olaquindox	不得检出

(四) 无公害食品 水产品中有毒有害
物质限量(NY 5073—2006)

项 目	指 标
组胺(毫克/100 克)	≤100(鲐鲹鱼类) ≤30(其他红肉鱼类)
麻痹性贝类毒素(PSP)(纳克/100 克)	≤400(贝类)
腹泻性贝类毒素(DSP)(纳克/克)	不得检出(贝类)
无机砷(毫克/千克)	≤0.1(鱼类) ≤0.5(其他动物性水产品)
甲基汞(毫克/千克)	≤0.5(所有水产品,不包括食肉鱼类) ≤1.0(肉食性鱼类,如鲨鱼、金枪鱼、旗鱼等)

项 目	指 标
铅(Pb)(毫克/千克)	≤0.5(鱼类) ≤0.5(甲壳类) ≤1.0(贝类) ≤1.0(头足类)
镉(Cd)(毫克/千克)	≤0.1(鱼类) ≤0.5(甲壳类) ≤1.0(贝类) ≤1.0(头足类)
铜(Cu)(毫克/千克)	≤50
氟(F)(毫克/千克)	≤2.0(淡水鱼类)
石油烃(毫克/千克)	≤15
多氯联苯（PCBs，以 PCB28、PCB52、PCB101、PCB118、PCB138、PCB153、PCB180 总和计）(毫克/千克)	≤2.0(海产品)， 其中 PCB138≤0.5,PCB153≤0.5

（五）食品动物禁用的兽药及其他化合物清单
（中华人民共和国农业部公告第 193 号）

兽药及其他化合物名称	禁止用途	禁用动物
β-兴奋剂类：克仑特罗 clenbuterol、沙丁胺醇 salbutamol、西马特罗 cimaterol 及其盐、酯及制剂	所有用途	所有食品动物
性激素类：己烯雌酚 diethylstilbestrol 及其盐、酯及制剂	所有用途	所有食品动物
具有雌激素样作用的物质：玉米赤霉醇 zeranol、去甲雄三烯醇酮 trenbolone、醋酸甲地孕酮 megestrol acetate 及制剂	所有用途	所有食品动物
氯霉素 chloramphenicol 及其盐、酯（包括琥珀氯霉素 chloramphenicol succinate）及制剂	所有用途	所有食品动物
氨苯砜 dapsone 及制剂	所有用途	所有食品动物

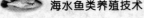

海水鱼类养殖技术

续表

兽药及其他化合物名称	禁止用途	禁用动物
硝基呋喃类：呋喃唑酮 furazolidone、呋喃它酮 furaltadone、呋喃苯烯酸钠 nifurstyrenate sodium 及制剂	所有用途	所有食品动物
硝基化合物：硝基酚钠 sodium nitrophenolate、硝呋烯腙 nitrovin 及制剂	所有用途	所有食品动物
催眠、镇静类：甲喹酮 methaqualone 及制剂	所有用途	所有食品动物
林丹（丙体六六六）lindane	杀虫剂	水生食品动物
毒杀芬（氯化莰烯）camphechlor	杀虫剂、清塘剂	水生食品动物
呋喃丹（克百威）carbofuran	杀虫剂	水生食品动物
杀虫脒（克死螨）chlordimeform	杀虫剂	水生食品动物
双甲脒 amitraz	杀虫剂	水生食品动物
酒石酸锑钾 antimony potassium tartrate	杀虫剂	水生食品动物
锥虫胂胺 tryparsamide	杀虫剂	水生食品动物
孔雀石绿 malachite green	抗菌、杀虫剂	水生食品动物
五氯酚酸钠 pentachlorophenol sodium	杀螺剂	水生食品动物
各种汞制剂，包括氯化亚汞（甘汞）calomel、硝酸亚汞 mercuric nitrate、醋酸汞 mercuric acetate、吡啶基醋酸汞 pyridyl mercurous acetate	杀虫剂	动物
性激素类：甲睾酮 methyltestosterone、丙酸睾酮 testosterone propionate、苯丙酸诺龙 nandrolone phenylpropionate、苯甲酸雌二醇 estradiol benzoate 及其盐、酯及制剂	促生长	所有食品动物
催眠、镇静类：氯丙嗪 chlorpromazine、地西泮（安定）diazepam 及其盐、酯及制剂	促生长	所有食品动物
硝基咪唑类：甲硝唑 metronidazole、地美硝唑 dimetridazole 及其盐、酯及制剂	促生长	所有食品动物

(六) 无公害食品 禁用渔药(NY 5071—2002)

药物名称	化学名称(组成)	别 名
地虫硫磷 fonofos	O-乙基-S-苯基二硫代磷酸乙酯	大风雷、地虫磷
六六六 BHC(HCH)	1,2,3,4,5,6-六氯环己烷	
林丹 lindane,gammaxare, gamma-BHC, gamma-HCH	γ-1,2,3,4,5,6-六氯环己烷	丙体六六六
毒杀芬 camphechlor(ISO)	八氯莰烯	氯化莰烯
滴滴涕 DDT	2,2-双(对氯苯基)-1,1,1-三氯乙烷	
甘汞 calomel	氯化亚汞	
硝酸亚汞 mercurous nitrate	硝酸亚汞	
醋酸汞 mercuric acetate	醋酸汞	
呋喃丹 carbofuran	2,3-二氢-2,2-二甲基-7-苯并呋喃基-甲基氨基甲酸酯	克百威、大扶农
杀虫脒 chlordimeform	N-(2-甲基-4-氯苯基)-N′,N′-二甲基甲脒盐酸盐	克死螨
双甲脒 amitraz	1,5-双(2,4-二甲基苯基)-3-甲基-1,3,5-三氮戊-1,4-二烯	二甲苯胺脒
氟氯氰菊酯 cyfluthrin	α-氰基-3-苯氧基-4-氟苄基-(1R,3R)-3-(2,2-二氯乙烯基)-2,2-二甲基环丙烷羧酸酯	百树菊酯、百树得

药物名称	化学名称(组成)	别名
氟氰戊菊酯 flucythrinate	(R,S)-α-氰基-3-苯氧基苄基-(R,S)-2-(4-二氟甲氧基)-3-甲基丁酸酯	保好江乌、氟氰菊酯
五氯酚酸钠 PCP-Na	五氯酚酸钠	
孔雀石绿 malachite green	$C_{23}H_{25}ClN_2$	碱性绿、盐基块绿、孔雀绿
锥虫胂胺 tryparsamide		
酒石酸锑钾 antimonyl potassium tartrate	酒石酸锑钾	
磺胺噻唑 sulfathiazolum (ST)	2-对氨基苯磺酰胺噻唑	消治龙
磺胺脒 sulfaguanidine	4-氨基-N-(氨基亚氨基甲基)苯磺酰胺	磺胺胍
呋喃西林 furacillinum, nitrofurazone	5-硝基-2-呋喃甲醛缩氨基脲	呋喃新
呋喃唑酮 furazolidonum, nifurazolidone	3-(5-硝基糠醛缩氨基)-2-噁唑烷酮	痢特灵
呋喃那斯 furanace, nifurpirinol		P-7138 (实验名)
氯霉素(包括其盐、酯及制剂) chloramphenicol	由委内瑞拉链霉素产生或合成法制成	
红霉素 erythromycin	属微生物合成,是 *Streptomyces erythreus* 产生的抗生素	

药物名称	化学名称(组成)	别　名
杆菌肽锌 zinc bacitracin premin	由枯草杆菌 *Bacillus subtilis* 或 *B. licheniformis* 所产生的抗生素,为一含有噻唑环的多肽化合物	枯草菌肽
泰乐菌素 tylosin	*S. fradiae* 所产生的抗生素	
环丙沙星 ciprofloxacin(Cipro)	为合成的第三代喹诺酮类抗菌药,常用盐酸盐水合物	环丙氟哌酸
阿伏帕星 avoparcin		阿伏霉素
喹乙醇 olaquindox	喹乙醇	喹酰胺醇
速达肥 fenbendazole	5-苯硫基-2-苯并咪唑氨甲酸甲酯	苯硫咪唑
己烯雌酚(包括雌二醇等其他类似合成的雌性激素) diethylstilbestrol, stilbestrol	人工合成的非甾体雌激素	人造求偶素
甲基睾丸酮(包括丙酸睾酮、美雄酮以及同化物等雄性激素) methyltestosterone, metandren	睾丸素 C_{17} 的甲基衍生物	甲睾酮、甲基睾酮

(七) 无公害食品　渔用配合饲料安全限量(NY 5072—2002)

项　目	限　量	适用范围
铅(以 Pb 计)(毫克/千克)	≤5.0	各类渔用配合饲料
汞(以 Hg 计)(毫克/千克)	≤0.5	各类渔用配合饲料
无机砷(以 As 计)(毫克/千克)	≤3	各类渔用配合饲料

海水鱼类养殖技术

续表

项　目	限　量	适用范围
镉(以 Cd 计)(毫克/千克)	≤3	海水鱼类、虾类配合饲料
	≤0.5	其他渔用配合饲料
铬(以 Cr 计)(毫克/千克)	≤10	各类渔用配合饲料
氟(以 F 计)(毫克/千克)	≤350	各类渔用配合饲料
游离棉酚(毫克/千克)	≤300	温水杂食性鱼类、虾类配合饲料
	≤150	冷水性鱼类、海水鱼类配合饲料
氰化物(毫克/千克)	≤50	各类渔用配合饲料
多氯联苯(毫克/千克)	≤0.3	各类渔用配合饲料
异硫氰酸酯(毫克/千克)	≤500	各类渔用配合饲料
噁唑烷硫酮(毫克/千克)	≤500	各类渔用配合饲料
油脂酸价(KOH)(毫克/克)	≤2	渔用育苗配合饲料
	≤6	渔用育成配合饲料
	≤3	鳗鲡育成配合饲料
黄曲霉毒素 B_1(毫克/千克)	≤0.01	各类渔用配合饲料
六六六(毫克/千克)	≤0.3	各类渔用配合饲料
滴滴涕(毫克/千克)	≤0.2	各类渔用配合饲料
沙门氏菌(每25克样品中含有的活菌个数)	不得检出	各类渔用配合饲料
霉菌(每克样品中含有的活菌个数)	≤$3×10^4$	各类渔用配合饲料

（八）海水盐度和比重换算表

盐度(‰)	比重	盐度(‰)	比重	盐度(‰)	比重	盐度(‰)	比重
10.86	1.0083	16.64	1.0127	22.05	1.0168	27.47	1.0209
11.04	1.0084	16.82	1.0128	22.23	1.0169	27.65	1.0211
11.22	1.0086	17.00	1.0130	22.41	1.0171	27.83	1.0213

续表

盐度(‰)	比重	盐度(‰)	比重	盐度(‰)	比重	盐度(‰)	比重
11.40	1.0087	17.28	1.0132	22.59	1.0173	28.01	1.0214
11.58	1.0089	17.36	1.0133	22.77	1.0174	28.19	1.0215
11.76	1.0090	17.54	1.0134	22.95	1.0175	28.37	1.0217
11.94	1.0092	17.72	1.0136	23.13	1.0177	28.55	1.0218
12.12	1.0093	17.90	1.0137	23.31	1.0178	28.73	1.0219
12.30	1.0094	18.08	1.0138	23.50	1.0179	28.91	1.0221
12.48	1.0096	18.26	1.0139	23.68	1.0181	29.09	1.0222
12.67	1.0097	18.44	1.0141	23.86	1.0182	29.27	1.0224
12.85	1.0099	18.62	1.0142	24.04	1.0184	29.45	1.0225
13.21	1.0101	18.80	1.0144	24.22	1.0185	29.63	1.0226
13.39	1.0103	18.98	1.0145	24.40	1.0186	29.81	1.0228
13.57	1.0104	19.16	1.0146	24.58	1.0188	29.99	1.0229
13.75	1.0105	19.34	1.0148	24.76	1.0189	30.17	1.0230
13.93	1.0107	19.52	1.0149	24.94	1.0191	30.35	1.0232
14.11	1.0108	19.70	1.0151	25.12	1.0192	30.53	1.0233
14.29	1.0109	19.89	1.0152	25.30	1.0193	30.72	1.0235
14.47	1.0111	20.07	1.0153	25.48	1.0195	30.90	1.0236
14.65	1.0112	20.25	1.0155	25.66	1.0196	31.08	1.0237
14.83	1.0114	20.43	1.0156	24.84	1.0197	31.26	1.0239
15.01	1.0115	20.61	1.0157	26.02	1.0199	31.44	1.0240
15.19	1.0116	20.79	1.0159	26.20	1.0200	31.62	1.0242
15.37	1.0117	20.97	1.0160	26.38	1.0201	31.80	1.0243
15.55	1.0119	21.15	1.0162	26.56	1.0203	31.98	1.0244
15.73	1.0121	21.33	1.0163	26.74	1.0204	32.16	1.0246
16.09	1.0123	21.51	1.0164	26.92	1.0206	32.34	1.0247
16.28	1.0125	21.69	1.0166	27.11	1.0207	32.52	1.0248
16.46	1.0126	21.87	1.0167	27.29	1.0208	32.74	1.0250

注：表中数据表示海水温度为17.5℃时，海水盐度和比重的关系。

参 考 文 献

[1] 上海水产学院. 鱼类学与海水鱼类养殖[M]. 北京：农业出版社，1985.

[2] 姜志强，吴立新，郝拉娣，等. 海水养殖鱼类生物学及养殖[M]. 北京：海洋出版社，2005.

[3] 童合一. 浅海滩涂海产养殖致富指南[M]. 北京：金盾出版社，1988.

[4] 李纯厚，林钦，贾晓平. 我国海水网箱养殖可持续发展对策初步研究[J]. 湛江海洋大学学报，2001，21(2)：72-76.

[5] 刘世禄. 水产养殖苗种培育技术手册[M]. 北京：中国农业出版社，2000.

[6] 王春琳，邵力，王一农，等. 海水名特优水产品苗种培育手册[M]. 上海：上海科学技术出版社，2003.

[7] 徐君卓. 海水网箱养鱼[M]. 北京：中国农业出版社，1999.

[8] 孙颖民，孙振兴，李秉钧，等. 海水养殖使用技术手册[M]. 北京：中国农业出版社，2000.

[9] 居礼，王玉堂，蒋宏斌，等. 海水鱼类集约化养殖技术[M]. 北京：海洋出版社，2004.

[10] 宋协法，路士森. 深水网箱投饵机设计与试验研究[J]. 中国海洋大学学报：自然科学版，2006，36(3)：405-409.

[11] 张宗涛. 网箱投饵机：中国，01277773.0[P]. 2002-11-20.

[12] 李军. 渤海鲈鱼食物组成与摄食习性的研究[J]. 海洋科学，1994，18(3)：39-44.

[13] 孙帼英，朱云云，陈建国，等. 长江口花鲈的生长和食性[J]. 水产学报，1994，18(3)：183－189.

[14] 颜正荣. 海水网箱养殖鲈鱼技术[J]. 海洋渔业，1997，19(1)：35.

[15] 童强春，刘启胜. 鲈鱼网箱养殖技术研究[J]. 齐鲁渔业，1993，10(1)：11－14.

[16] 李金锋，李之江，刘庆营. 池塘养殖鲈鱼技术要点[J]. 渔业致富指南，2006(6)：21－22.

[17] 侯和菊. 鲈鱼高产养殖综合技术[J]. 渔业致富指南，2006(1)：43－44.

[18] 钱学林. 池塘养鲈技术[J]. 科学养鱼，1998(6)：20－21.

[19] 丛琳，任勤福. 美国红鱼的养殖与病害防治[J]. 齐鲁渔业，2005，22(1)：5－6.

[20] 张弼，马丰年，姜志强. 美国红鱼池塘养殖技术[J]. 水产科学，2002，21(1)：26－27.

[21] 刘端炜，王学勃. 美国红鱼海水养殖技术[J]. 齐鲁渔业，2001，18(5)：13.

[22] 吕永林，蔡继晗，蔡厚才，等. 南麂海区美国红鱼网箱养殖试验[J]. 浙江海洋学院学报：自然科学版，2001，20(2)：107－111.

[23] 林秀春. 美国红鱼的海水网箱养殖技术[J]. 福建农业科技，2000(3)：43.

[24] 卫刚，海波. 美国红鱼网箱高效养殖[J]. 农村养殖技术，2007(12)：32.

[25] 刘家富，韩坤煌. 我国大黄鱼产业的发展现状与对策[J]. 福建水产，2011，33(5)：4－8.

[26] 田明诚，徐恭昭，余日秀. 大黄鱼 *Pseudosciaena crocea* (Richardson) 形态特征的地理变异与地理种群问题[J]. 海洋科学集刊，1962(2)：79－97.

[27] 张其永，洪万树，杨圣云，等. 大黄鱼地理种群划分的探讨[J]. 现代渔业信息，2011，26(2)：3－8.

[28] 宋利明，吕凯凯，张禹，等. 网箱养殖大黄鱼柔性分级装置设计与试验[J]. 浙江海洋学院学报：自然科学版，2009，28（2）：170－175.

[29] 缪伏荣，李忠荣. 大围网仿生态养殖大黄鱼技术[J]. 水产养殖，2006，27（3）：22－23.

[30] 郑岳夫，周科勤，李家乐. 大黄鱼的网箱养殖和越冬技术[J]. 上海水产大学学报，2001，10（2）：97－101.

[31] 叶春宇，彭斌辉. 大黄鱼池塘养殖[J]. 海洋渔业，2001（1）：28－29.

[32] 谢忠明. 大黄鱼养殖技术[M]. 北京：金盾出版社，2004.

[33] 卞宏娣. 池塘养殖大黄鱼技术[J]. 齐鲁渔业，2003，20（4）：8－10.

[34] 张良松. 大黄鱼无公害网箱养殖技术[J]. 科学养鱼，2005（7）：34－35.

[35] 毛雪英，刘端炜. 虾池人工养殖黑鲷技术[J]. 科技致富向导，2002（10）：23.

[36] 邹玉芹，张东芝，王为璋. 黑鲷网箱养殖技术[J]. 齐鲁渔业，2000，17（3）：21－22.

[37] 彭友岐，陈李诚. 黑鲷海水池塘养殖技术[J]. 齐鲁渔业，2008，25（12）：18－19.

[38] 单乐州，林志华，邵鑫斌. 鮸鱼人工繁育技术研究[J]. 水产科技情报，2006，33（1）：25－28.

[39] 单乐州，邵鑫斌，闫茂仓. 鮸鱼鱼苗越冬技术和鱼种培育技术研究[J]. 水产科技情报，2008，35（2）：65－67.

[40] 何侠云. 温州南部沿海滩涂大弹涂鱼围网养殖技术[J]. 中国水产，2009（9）：51－53.

[41] 黄克蚕. 盐碱地大弹涂鱼养殖技术[J]. 齐鲁渔业，2010，27（9）：25.